料理に役立つ香りと食材の組み立て方：
メカニズムから、その抽出法、調理法、レシピ開発まで

飲食的香氣科學

從香味產生的原理、萃取到食譜應用，認識讓料理更美味的關鍵香氣與風味搭配

作者 市村真納、橫田涉　譯者 周雨枏

前言

認識「香氣」的學問能讓美味的巧思源源不絕！

讓本書帶你一同探索「香氣」之趣，解開香氣不可思議的奧秘，踏上啓發料理新思維的旅程吧。

追根究柢，香味究竟從何而來？
為何咖啡聞起來那麼香？
小時候討厭的紫蘇香氣怎麼長大後反而讓人欲罷不能？
一旦對「香氣」有了更深入的理解，過去你對食材、食譜的認知也將隨之改變。

「香氣」是無形無體，令人難以捉摸的存在。
然而香氣卻可在人們心中立竿見影留下深刻的印象，甚至還擁有能改變身體狀態的力量。
此外，香氣還具有另一個功能，那就是入口後會融合食物的滋味創造出難以言諭的絕妙風味。

本書以主題分成五大章節，將以「香氣」的觀點來學習各式料理及其背後的飲食文化，提供讀者如何做出美味料理的關鍵秘訣。
希望對於研發新食譜、鑽研調理方式、改善供餐水準等方面皆能有所助益。

市村真納

廚房無論何時總是香氣氤氳。

切菜時散發出的香氣、烤肉所產生的香氣、從烤箱裡流淌而出的麵包香氣……
廚房裡瀰漫著形形色色的香味。各種香氣互相疊加，交織成一個形象——這也是「做菜」的本質之一。

不過，事實上卻很少有人意識到「香氣」和味道有著直接關聯性。
我們一直以來都是在毫無自覺的情況下享受著先人所創造出的香氣組合。藉著解密料理與香氣的關係，想必能將美食享受推向更高的境界。

就從聞聞看食材的香氣開始吧。
這便是通往充滿各種魅惑大千世界的入口。

橫田 涉

香氣與食材的組合

本書共分成五章，無論想從哪一章開始閱讀都可以。

但若您希望深入認識「香氣」並慢慢思考香氣與美味料理之關係，推薦從第一章開始閱讀，再循序漸進進入第二章分析烹調方法與香氣的關聯以及第三章香氣萃取方式。第四章及第五章將從歷史及現代社會的觀點切入，拓展在料理運用之外更廣闊的香氣世界。

1. 香氣入門

認識「香氣」

構成美味的要素不僅只味覺，本章可一窺能活用在料理上關於「香氣」的基礎知識。

2. 烹調方法與香氣

掌握「香氣」的變化

介紹分切和剁碎等食材事前處理方式，以及煎炒和煙燻等加熱手法。認識「香氣」在不同烹調方式下的變化。

3. 香氣萃取方式

鑽研能轉移「香氣」的材料

運用日常生活中隨手可得的材料如植物油、酒、醋及水或者鹽、砂糖等調味料，開拓「香氣」在料理上更寬廣的可能性。

4. 香氣文化學

透過故事所感受到的「香氣」

就算出了廚房的範疇，依然能找到無數能活用「香氣」的各種線索。本章將進一步延伸至「香氣」相關之食物歷史及文化的介紹。

5. 香氣與管理

「香氣」在社會上之運用

「香氣」擁有能影響人心情及身體狀態的力量。因此學習了關於香氣的知識後，在設計新食譜或改善店面服務體驗時想必能有所裨益。

Contents

---

01 Kaffir Lime Leaves，台灣其他常見名稱包括麻瘋柑葉，粗皮柑葉，泰國檸檬葉或者簡稱檸檬葉。

02 又名山蒜、小根蒜。

本書中標示之說明

香氣與氣味

本書中主要以「香氣」來指稱人類通過嗅覺獲得的資訊。一般來說，「香氣」一詞對聽者而言，指的是正面的嗅覺刺激。（「芳香」一詞亦同，常用於描述好的氣味）由於本書之內容多爲探討料理時促進好的嗅覺刺激之相關話題，故選擇「香氣」一詞做爲本書主題。

相對於香氣，在現代社會中，「氣味」（匂い・NIOI）一詞無論正面或者負面的場合皆可使用。在日文的古文中，「氣味」一詞不僅可用來指稱嗅覺，還能用於顯示視覺上色彩之美、物事之華麗、意趣及格調時使用。此外，當漢字寫作「臭味」（臭い・NIOI）時，指的則是惡臭。舉例來說，在本書中說明「魚的腥臭味」等時，便會使用「臭味」一詞。

風味

人在品嘗食物時，會感受到由味覺資訊和嗅覺資訊結合起來的滋味及美味。本書稱這種在口中所產生之嗅覺資訊（香氣）和味覺資訊（味道）結合後所感受到的食物滋味及美味爲「風味」。

本書中若出現「咖啡的風味」，則指的不是由鼻孔吸入的咖啡香氣，而是咖啡這項食品經由口中攝取，喝下去自喉嚨竄升至鼻腔的香氣與苦味、酸味等味道融合後，我們所感受到的滋味及美味。

〈參考：廣辭苑第三版第九刷(岩波書店)〉

· 香氣(かおり·KAORI，漢字作薰、香)
① 好的氣味，香氣② 艷麗

· 氣味(匂い·NIOI)
① 紅色等鮮豔美麗之色澤。② 華麗。富有光澤貌。③ 香味。香氣。④(漢字作「臭」)不好聞的香氣。臭味。⑤光。威嚴。⑥(人品等的)趣向。格調。(7)由色彩相同但深淺不同的色彩所造成之漸層暈染。(8)表演藝術、和歌、俳句等創作中所散發之心情、情緒、餘韻等。

· 芳香
好的氣味。

· 風味
味道。優雅的滋味。意趣。(*雅致=趣向、風情。)

關於帶有芳香食材之安全提醒

本書中介紹了許多屬於芳香食材的野生植物，如野蒜和水芹等。有許多野生植物氣味芬芳，且蘊含有益健康的成分，因此人類食用的歷史也很長。然而，在採摘野生植物時，必須小心不可和有毒野草混淆。每年都會發生因採摘野生植物、山菜、菇類時誤食了有毒野草而導致嚴重食物中毒的案例。（根據厚生勞動省所發布的資訊，平成二十年到二十九年間共有 818 名患者）在採集和利用野生植物時應格外小心。

具有毒性的野生植物

有些有毒植物的外觀看起來和野生植物十分相似。在採摘野生植物時務必要小心。

有毒野草	外觀相似的野生植物
水仙	韭菜、野蒜、洋蔥
尖被藜蘆[03]	大葉玉簪、茖蔥
洋金花	牛蒡、秋葵、長蒴黃麻[04]、明日葉、芝麻
姑婆芋	里芋
秋水仙	玉簪菜、茖蔥、馬鈴薯、洋蔥
烏頭	鵝掌草、蟹甲草[05]
藜蘆[06]	大葉玉簪、茖蔥
美洲商陸	山牛蒡
日本顛茄	款冬花莖、玉簪菜
毒芹	水芹
夏雪片蓮[07]	韭菜
天南星屬植物	玉米、刺嫩芽[08]
毛地黃	康復草（日本禁止食用）

具有毒性的觀賞用植物

有一些花相當漂亮的觀賞用植物亦具有毒性。一旦誤食相當危險，包括葉子或莖部等部分都要小心，不應用於點綴料理等用途上。

繡球花、鈴蘭、石蒜、杜鵑花、夾竹桃、聖誕玫瑰、石楠杜鵑、鐵線蓮、香豌豆、福壽草

---

03 學名*Veratrum oxysepalum*，日文漢字為梅蕙草。

04 又名埃及國王菜、埃及野麻嬰，俗稱麻薏、麻芛。

05 學名*Parasenecio delphiniifolius*，日文漢字為紅葉笠。

06 學名*Veratrum stamineum*，日文漢字為小梅蕙草。

07 又名雪滴花、雪鈴花或鈴蘭水仙。

08 楤木嫩芽。

1. 香氣入門

認識「香氣」

切檸檬時聞到的強烈香味，從薄荷茶散發出的清香……。香氣可在人的心目中留下各式各樣的印象，甚至還可影響情緒、食慾和身體狀況。究竟目視不可得、一不留意便轉瞬即逝的「香氣」的真面目為何？此外，不同香氣的差異究竟從何而來呢？

透過本章，可學習到如何將香氣運用於烹飪上的基本知識。

認識香氣的真實身分
能讓做菜時
創意源源不絕。

體驗主題

檸檬的香氣位於果皮

探尋柑橘類的「香氣來源」

準備材料

無農藥檸檬1顆、刀子

步 驟

1. 先拿起檸檬，將鼻子湊近果皮直接聞聞看果皮的氣味。此時聞不到什麼太重的香氣。

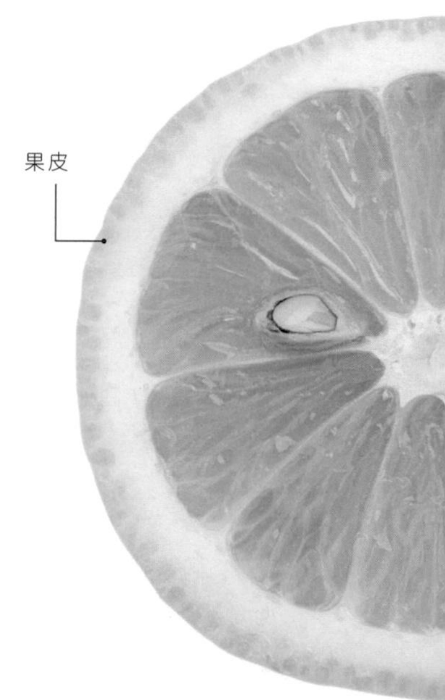

2. 接著將檸檬從中切成兩半，再切出一片薄片。

3. 將果皮（黃色外皮）的部分自果肉上切除。

4. 仔細觀察3的果皮構造。可看到靠近表面處有很多小顆粒狀的油胞。

5. 用面紙壓一下3的果皮，再聞聞看沾上面紙液體的香氣。

體驗結果

包括檸檬在內，柳橙、葡萄柚、伊予柑等柑橘類散發出的好聞香氣，皆來自於果皮油胞裡所含的液體。

Q 好的香氣存在於何處？

可能存在於果實的皮、花、葉、樹皮、鱗莖等部位，每種植物皆不同。

〈檸檬的香氣源自果皮〉

以在 p13 中所體驗到的檸檬香氣為例，柑橘類果實最外側的果皮有著稱為「油胞」的器官，此器官正是香氣分子的儲藏位置。這也就是為何用手剝橘子時散發出的香氣比實際吃果肉時還要明顯的原因（果汁當中也含有一些香氣成分，但成分的類型不同）。

〈蘊藏香氣的部位〉

玫瑰和茉莉的花香相當濃烈。花朵之所以蘊藏著如此甜美的香氣，是為了藉著好聞的香氣吸引昆蟲前來幫助授粉之故。也因此，要從花中萃取香料的生產者，必須選在香氣還未揮發的清晨時分，小心翼翼地避開葉子和枝條去摘取花朵。

至於運用樹皮香氣的例子則有肉桂。肉桂是由樟科常綠喬木的樹皮薄薄剝下後乾燥而成。磨成粉狀的肉桂粉可用於甜甜圈、蘋果派增添風味。其他如大蒜則是使用長在地底的「鱗莖（球根）」部位。

話雖如此，有些植物具有不只一種可入菜的部位，由於每個部位的香氣皆有所差異，因此可享受到不同的風味。原產於日本的山椒是芸香科的植物，春天可採摘山椒嫩葉（葉）、山椒花（花），初夏時則使用山椒籽（未成熟的果實）這個不同的部位。到了秋季，可將成熟的果實去除外皮和中間的黑色種子分離，將果皮乾燥後加工成山椒粉。雖然都是採自同一種植物，但無論香氣或口感皆有所不同，入菜時可搭配每個部位的特色去運用。

根據香氣運用部位之植物分類

部位	植物
花	玫瑰、茉莉、橙花、洋甘菊
果皮	檸檬、甜橙、葡萄柚、橘子、柚子、萊姆、佛手柑、八朔、山椒
葉	尤加利、松、杉、山椒
根莖	生薑、薑黃
樹木	肉桂（樹皮）、檀香、雪松
花苞	丁香
種子	肉荳蔻、孜然、八角
全草	薰衣草（花）、天竺葵、百里香、薄荷、馬鬱蘭、羅勒、檸檬香茅

每種植物蘊含較多香氣分子的部位皆有所不同。

Q 看不見的香氣，其真實身分是？

已知特定範圍內的化學物質會產生香氣。

〈香氣的真實身分是化學物質〉

可使人感受到香氣的化學物質（本書中姑且稱之為「香氣分子」）的種類，根據估計，大約有數十萬種。食物中所包含的香氣分子，大多是由碳（C）所構成的低分子有機化合物（Organic compound），除了碳之外，亦可由許多氫（H）、氧（O）、氮（N）和硫（S）等各種「香氣分子」所組成。

〈產生香味的條件〉

這些化學物質要讓人感到「香」，必須要漂浮在空氣中，最終抵達人的鼻子深處。因此，化學物質中，具有揮發性（分子在室溫下從液體狀態轉變為氣體的特性）者，換言之，也就是擁有大約 20 個碳原子，且分子量少於 350 的分子才會具有「香氣分子」的功能。而我們的氣味體驗，便是從「香氣分子」在空氣中飄蕩後進入我們的鼻孔才開始的。

〈古希臘學者針對香氣的不同看法〉

人們試圖挑戰思考和分類看不見又難以捉摸的「香氣的眞面目」可追溯至古希臘時期。

哲學家柏拉圖曾說：「氣味沒有相應的名稱。氣味的分類不多，但分類法並不簡單明確，只能分成令人不快或愉快兩種而已」。而他的弟子哲學家亞里斯多德認爲嗅覺是很難分析的感覺，因爲它介於視覺和聽覺（由外部世界的非接觸刺激引起的感覺）以及味覺和觸覺（通過接觸引起的內在感覺）之間。他們兩個人似乎皆相當正確地描述出了氣味的一些面向，但卻沒有說明究竟是什麼東西產生了嗅覺的資訊。

而古羅馬哲學家盧克萊修斯則認爲：「香氣的差異取決於分子的形狀和大小」。他的見解可說是較爲接近現在我們對香氣的認知。在現代的認知當中，香氣本質的差異來自分子的大小、形狀和官能基（⇒見 P20）的不同。

在古希臘時代有許多哲學家嘗試探究香氣的真面目並將其分類，包括柏拉圖在內，至今仍可看到他們所留下的各種理論。

Q 「檸檬香氣」的成分是？

檸檬含有180種以上的香氣分子，是多種分子的混合體。

〈多種香氣分子的融合〉

從一種食物中傳來的氣味，並非由同一種香氣分子所構成，而是由多種分子混合而成。

例如，清爽的檸檬香味當中典型的成分就包括了檸檬醛（醛）、乙酸香葉酯（酯）、橙花醇和香葉醇（醇）、檸檬烯（碳氫化合物）等。

〈量和強度不成比例〉

並不是含有越多香氣分子香氣就越強烈。檸檬烯的含有比例雖然很高，卻不會太過強烈。相反地，有些類型的香氣分子，即使比例很少，也會對整體香氣產生重大影響。不同種類的香氣分子皆有著不同的閾值（ 「閾值」= 人可以感受到香味的最小刺激值⇒見 P29）。

西芹的香氣、肉桂的香氣、松茸的香氣……從食物中感受到的香氣，都是多種香氣分子的混合體，

〈具有相同香氣分子的植物〉

在不同食物中，也可能發現相同的香氣分子。例如，脣形科的檸檬香蜂草、禾本科的檸檬香茅、馬鞭草科的檸檬馬鞭草。這些都是常用於草本茶的植物。

儘管這些植物品種和柑橘類水果的關係相當遠，但香氣與檸檬相似，因此都被冠上「檸檬」之名。這是因爲它們的葉子中含有大量可在檸檬皮裡找到的特殊香氣「檸檬醛」。所以說這些香草植物的香氣，可說是「比檸檬還要檸檬」呢。

〈加工產生的香氣〉

此外，除了植物本身的香氣外，有些食品還會藉由加工來添加新的香氣。以咖啡和葡萄酒爲例，各自皆含有超過 800 種的香氣成分，複雜的香氣便是其魅力來源。它們的香氣，是透過製造過程中不可或缺的烘烤、發酵和熟成等工序，產生了本來原料中不存在的香氣分子，才得以完成的複雜香氣。

關於香氣的名言

世上沒有單一的香氣。
就算是一種花香，
亦是由數種香氣所調和，
再灌滿一個難以名狀的香氣之囊而成的。

北原白秋《香氣狩獵者》

北原白秋為明治至昭和年間的詩人及歌人，他憑著直覺敏銳地覺察到芬芳的花香其實是多種分子的混合體。植物當真是偉大的調香師無誤。

Q 讓料理更好吃的「香氣分子的性質」為何？

首先請先記住下列四項性質

現在你已經知道香氣的眞實身分是化學物質（香氣分子），接下來就來看看能讓料理加分的香氣分子擁有哪些性質吧。雖然「香氣」既難以捉摸又倏忽卽逝，但只要掌握住其特性，便能夠運用自如。

下面將著眼於香氣分子的四項重要性質。

① 具有揮發性

一個人要感受到香氣，香氣分子必須漂浮在空氣中，然後進入我們的鼻孔。換句話說，分子若要能夠「散發出香氣」，必須擁有在室溫下轉變爲氣體（= 揮發性）的性質。因爲是在室溫下也能汽化的物質，透過加熱便可進一步促進汽化。

當你知道了香氣分子具有這項性質，你便能理解剛出爐的熱騰騰料理之所以美味的原理。由於香氣分子遇熱而一口氣竄升，故能讓人充分享受到菜餚的香氣和風味。

同時，這種性質也是美味隨著時間的推移而劣化的原因。一旦香氣分子自食物中散逸，美味自然也一去不復返（當然，由於溫度下降和水分減少而帶來的口感變化亦可能是導致味道劣化的原因）。

即使在室溫下，香氣分子也會逐漸揮發，因此請務必將香料和茶葉置於密封狀態中保存。

② 多為親油性

在研究了食物的香氣分子後，發現許多香氣分子具親油性（疏水性），擁有容易溶解在植物性或動物性脂肪中的特性。

以自茉莉花萃取香料爲例，古早的做法中，爲了萃取茉莉花的香料，會用到動物性油脂如牛油和豬油。做法是先在玻璃上塗上一層薄薄的油再排放上花朵，放置一段時間，當香氣轉移後再拿掉舊的花、更換新的花朵，必須重複進行以上單調的手工作業，才能獲得寶貴的香料。可以說，這是種利用香氣分子親油性質的萃取方法。

世界各地自古以來就流傳著各種將香草植物和香料浸泡在植物油中，溶解出香氣分子加以食用或藥用的智慧。

雖然也有具親水性的香氣分子，但親油性的香氣分子仍佔了大宗。

③ 會起化學變化

香氣分子可能隨環境而變化。若環境中有氧氣，可能會氧化並轉化爲其他物質，或者也可能與附近的其他物質發生反應。就算在室溫下不會產生反應，也可能在加熱後發生反應。

食材和菜餚的香氣會隨著時間而改變。因此必須要搞清楚目標究竟是要抑制香氣的變化，還是希望促進香氣的轉化呢？在儲藏和烹調食物時，一定得考慮到化學變化。（⇒見 P18）

④ 注意易燃性

《柑橘文化誌》（皮埃爾．拉斯洛〔Pierre Laszlo〕著）裡記載了一則作者回憶童年聖誕節的有趣故事。

晚餐後，他的父母允許兄弟兩人可以盡情拿掛在聖誕樹上的柳橙吃，而兩兄弟吃柳橙時便玩起了果皮。「我們會用果皮的汁瞄準蠟燭的火焰噴濺，這很好玩，揮發性的油會著火，火焰會突然竄出，可以製造出短暫的爆炸。」

作者的文章最後以「也許是最早預示我將來會成爲化學家的事件」懷念的筆調作結。但正如這段文字所示，從植物中萃取的芳香物質中有許多是易燃物質，在火源旁使用時必須要十分小心。

Q 為什麼食物的香氣會改變？

雖然無法用肉眼觀察，但「香氣分子」是會不斷變動的。

就算什麼都沒做，但隨著時間的推移，食物的香氣還是會出現驚人的改變。這時的「香氣分子」產生了一些變化。

①香氣分子的揮發
②成分之間的化學反應
③脂質等成分的氧化等。

這些變化可能會減損菜餚的美味，但亦有可能反過來增進菜餚的風味。下面將進一步舉例分析說明。

〈香氣劣化的例子〉

以烘烤過的咖啡豆爲例：「我把咖啡豆磨成粉，用濾紙泡了咖啡後，把當天沒用完的咖啡粉收到袋子裡保存，但下週再泡時，味道卻變得有點怪怪的」。這個例子當中，導致香氣變化的因素有三個。

導致香氣改變的因素 ①～③如下：

column

洋甘菊茶：期許有促進健康之功效

香草（Herb）主要是指原產於地中海地區，具有香氣、有助於人類生活的植物之統稱。自古以來，透過經驗，人類已知此類植物中含有促進身心健康功效的成分。而有些香草植物在經過現代的各種研究後，其效果亦受到證實。

好比說洋甘菊茶，它是一種深受歐洲人喜愛的香草茶，從很早以前人們便知道它有鎮靜作用。誕生於英國並受到全世界喜愛的繪本《彼得兔的故事》中，還描繪了兔媽媽給身體不適的兔寶寶喝洋甘菊茶的場景。

有個實驗證實了洋甘菊茶的功效。與飲用熱開水的組別對照，洋甘菊茶明顯具有提高四肢末梢皮膚溫度、降低心率和活化副交感神經的效果。結果顯示，喝洋甘菊茶似乎的確可以讓人放鬆和感到平靜。

彼得兔的媽媽想必早已知道洋甘菊茶有這個功效了吧。

① 香氣分子的揮發

爲咖啡帶來特色的好的香氣分子在空氣中揮發消失了。這是由於香氣分子具有揮發性。此外，磨成粉末會使它更容易揮發。若將它置於密封的容器裡，或許多少可以防止揮發。

② 所含成分之間的化學反應

食物當中原本含有的成分彼此產生反應，因而產生了最初不存在的令人不快的香氣分子。因此，即使不經任何處理也可能製造出新的香氣分子（這種情況下稱爲惡臭）。

③ 成分（脂質等）的氧化

食物當中原本含有的成分在空氣中氧化，導致令人不快的香氣分子增加了。特別是脂質的氧化會使香氣變質。要防止這點，只要不讓食物接觸空氣，也可在某種程度上抑制氧化過程。

無論如何，咖啡豆一旦經過研磨，想要煮出美味的咖啡就是與時間的賽跑。將磨完的咖啡粉存放在密閉容器中，並在研磨後儘早用完才是上策。

〈香氣改善的例子〉

然而，並非所有香氣都會隨著時間的推移而惡化。在咖啡豆的例子中，① 到 ③ 的所有變化都會導致負面結果，但有的時候，也可能反過來獲得正面的加乘效果。

例如，若覺得新鮮香草的味道太過強烈，可透過乾燥，利用「①香氣分子的揮發」的現象，可使香氣變得較爲溫和且較適合入菜。乾燥不僅會減弱香氣，還會改變所含香氣分子的平衡。這個結果也可很巧妙地運用在料理當中。（⇒見P36）。

此外，有些食物爲了提高品質，甚至會鼓勵②和③的作用以生成新的香氣分子。

以生牛肉爲例，衆所周知，生肉在放置一段時間之後，生肉中原本含有的酶會開始作用，將蛋白質分解成胺基酸，因此鮮味亦會隨之增加。然而，改變的不僅僅是味道而已。

有報告顯示，在有氧環境中經過一段時間後，肉會產生類似於香甜牛奶氣味的「熟成香」。而且這個變化足以影響加熱烹調後肉類菜餚的香氣和風味。此變化被稱爲「熟成」，相當受到重視，這種隨著時間經過而產生的變化被視爲一種好的轉變。

香氣分子的分類

香氣分子的分類關鍵在於「結構」與「官能基」。

食物中含有的「香氣分子」種類浩繁，要記住每個艱澀的名稱和特徵似乎是一件難事。因此我們可先分成幾個組別再進一步認識。

大多數的香氣分子是以碳（C）做爲骨幹且含有氫（H）、氧（O）和氮（N）等元素的低分子有機化合物。分類方式可大致分爲下列兩種：「根據分子結構分類」以及「根據官能基分類」。分類後，某種程度上可找到每種類別氣味的大方向，可幫助我們進一步去掌握個別香氣分子的功能和特徵。

話雖如此，分子結構與人們感受到的香氣印象之間的關係仍然存在著許多未解之謎，並無法展現出一對一的明確規律性和必然性。

〈根據分子「結構」分類〉

有機化合物的分類方式之一是根據分子結構的差異。依照分子結構可以分爲兩類：「芳香族化合物」和「脂肪族化合物」。「芳香族化合物」的分子結構帶有苯環（由 6 個碳原子和 6 個氫原子構成的六角形環狀結構）。分子量在 300 以下的芳香族化合物通常一如其名，具有甘甜的香氣。

沒有苯環的「脂肪族化合物」分子結構可呈直鏈狀，也有呈環狀者。

〈根據「官能基」分類〉

所謂的「官能基」，指的便是具有特殊性質的原子團（分子當中，由複數原子組成，在化學反應中做爲整體去反應的原子集團）。若將分子的整體結構當成「骨架」，或許可把「官能基」想像成是附加於骨架的部分形狀。即使整體骨架的形狀相似，香氣和功能也會因附加部分的形狀而大有不同。因此，我們可基於官能基的差異去對香氣分子進行分類。

例如，帶有官能基之一「羥基」（-OH）的脂肪族化合物會被歸類於「醇類」。許多香草植物及花卉當中所含的香氣分子都屬於這個家族。

此外，帶有「醛基」（-CHO）的化合物會被歸類爲「醛類」，是部分醇類氧化後的產物。與通常具有清爽的香氣或花香的醇類相比，醛類往往具有刺激性更強的香氣。當醛進一步氧化時，會變成具有「羧基」（-COOH）的羧酸。一般來說，羧酸的氣味，如醋酸，通常聞起來酸酸的。

另外，當芳香族化合物帶有上述醇類中的官能基「羥基」時，則會被歸類爲「苯酚」。苯酚帶有類似化學藥劑的香氣，可賦予食物獨特的風味。在烘烤過的咖啡豆或威士忌中，抑或者在具強烈特色的煙燻味中都可找到苯酚。

在描述食物的氣味時，你可能看過「酯類般的香氣」一詞。這是由於許多被歸類爲酯類的化合物帶有果香之故。例如，「乙酸乙酯」帶有鳳梨香氣，而「乙酸異戊酯」聞起來則像香蕉。

如上所述，當我們知道如何將多種香氣分子加以分類，便可更容易捕捉到無形香氣的眞實面貌。

食材中所含香氣分子之分類

分類		食材中所含香氣分子之例
碳氫化合物 官能基：無	單萜	＊檸檬烯（新鮮柑橘調香氣）：大多數柑橘類果皮和花卉等 ＊香葉烯（辛辣的樹脂香氣）：松子、迷迭香、檜木等 ＊α－蒎烯（松樹般的木質香氣）：松樹和針葉樹等
	倍半萜	＊金合歡烯（青草香氣[09]）：蘋果果皮等
醇類 官能基：羥基	單萜	＊芳樟醇（溫和的花香調香氣）：薰衣草及橙花、佛手柑、麝香葡萄、紅茶等 ＊香葉醇（甜美的玫瑰香氣）：玫瑰和天竺葵等 ＊薄荷醇（清涼的薄荷香氣）：薄荷等
	倍半萜	＊橙花叔醇（沉穩的花香類香氣）
	二萜	＊香紫蘇醇（甘甜的香樹脂香氣）：快樂鼠尾草
醛類 官能基：醛基	萜烯醛	＊香茅醛（甘甜的青草香氣）：亞香茅等
	脂肪族醛	＊正辛醛（新鮮柳橙香氣）：大多數柑橘類果皮等 ＊正己醛（如綠葉般的青草香氣）：樹葉和蔬菜等
	芳香醛	＊香草醛（沉穩有層次的香甜香氣）：香草、泡盛等 ＊苯甲醛（圓潤香甜的香氣）：扁桃仁和杏仁等
羧酸類 官能基：羧基		＊醋酸（刺鼻的刺激性香氣）：醋和酒類等 ＊丁酸（單獨存在時呈酸敗臭味、難聞氣味）：乳製品等
酮類 官能基：酮基		＊諾卡酮（葡萄柚特有的柑橘類香氣）：葡萄柚
苯酚類 官能基：羥基		＊百里酚（藥劑類的辛辣香氣）：百里香等 ＊丁香油酚（辛辣帶甘甜的香氣）：丁香等 ＊癒創木酚（藥劑類的煙燻香氣）：蘇格蘭威士忌等
酯類 官能基：酯基		＊醋酸異戊酯（甘甜像香蕉般的香氣）：香蕉、蘋果、葡萄等 ＊乙酸芳樟酯（柔和的花香調香氣）：薰衣草、佛手柑、紅茶等 ＊乙酸乙酯（濃郁的果香調香氣）：鳳梨等

食品中含有的香氣分子種類繁多，藉著分子形狀分門別類後，可掌握各種香氣的大方向。

★何謂「萜」

本文之前已說明了分子結構，而脂肪族化合物當中，香草植物及花卉當中所含有的大多數香氣分子，皆隸屬於「萜」這個類別。萜是由含有五個碳原子的「異戊二烯」所組成。「單萜」類有2個異戊二烯，「倍半萜」類有3個，而「二萜」類則有4個，每種類別的功能都不盡相同。此表中將脂肪族化合物中屬於醇類或碳氫化合物的香氣分子再依照不同萜類去加以細分。

09 草味。

1. 香氣入門

嗅覺機制及風味

聞到香氣時，人體中究竟發生了什麼事呢？近年來關於嗅覺的研究有了長足的發展，人類的「香氣體驗」之謎也逐漸揭開了神祕面紗。

嗅覺亦是感受食物「風味」不可或缺的一種感官要素。究竟口中食物的香氣是如何與味覺融合的呢？

本章將帶各位進一步了解嗅覺的機制及風味。

事實上，食物的美味取決於嗅覺。

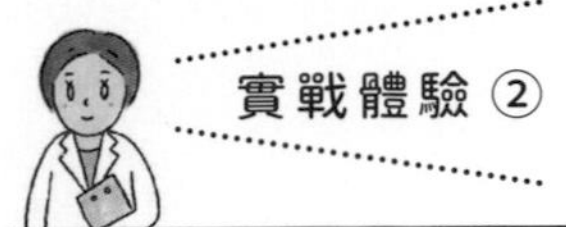

實戰體驗 ②

體驗主題

風味來自於嗅覺

親身感受香氣的重要性

準備材料

喜歡的巧克力1種 4片以上

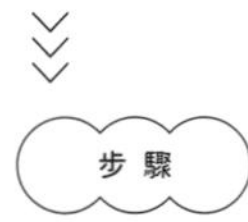

步驟

1. 首先，將1片巧克力放入口中。讓巧克力慢慢融化在舌尖，細細品嘗它的味道。你可以感受到和平時一樣的美味。

2. 用熱水漱口後，捏住鼻子，放入第2片巧克力。

   此時請用嘴巴呼吸。一樣讓巧克力慢慢融化在舌尖，細細品嘗它的味道。你可以感受到巧克力的美味嗎？

3. 放入第3片巧克力，這次不要捏鼻子，可正常用鼻子呼吸，並去感受巧克力的美味。

體驗結果

透過上述實驗可以親身體驗到，你認為好吃的「味道」，其實是由嗅覺（香氣）和味覺（味道）所融合而成的「風味」。關於風味更多的介紹，詳見p26。

Q 人為何能感受到香氣？

香氣分子抵達鼻腔深處的「嗅覺上皮」後，嗅覺上皮會將香氣分子的資訊傳達給大腦。

上一節我們已經談過能讓人體驗到氣味的「香氣分子」。而「香氣分子」是如何爲人體所捕捉到，香氣的資訊又是如何傳達到大腦的呢？此外，我們又是如何創造出香氣所帶來的印象？接下來就來深入認識一下嗅覺機制吧。

〈嗅覺的資訊傳達機制〉

在空氣中飄浮的分子在進入鼻孔後，會爲「嗅覺上皮」所捕捉到。嗅覺上皮位於鼻孔深處的鼻腔頂部。嗅覺上皮的表面包覆著黏液，而香氣分子會溶於該黏液之中。

嗅覺上皮中有許多緊密排列的「嗅覺細胞」。嗅覺細胞特化出的纖毛上有著「嗅覺受體」。每一個嗅覺細胞只負責一種嗅覺受體。一般認爲人的嗅覺受體約有 400 種左右，而在每個嗅覺細胞上只會發現其中一種。

若有能和香氣分子結合的嗅覺受體，嗅覺細胞便會將結合後的資訊轉換成電流訊號，傳達到位於腦部的嗅球。在嗅球裡，不同類別的嗅覺受體會各自聚集成嗅小球，資訊經過嗅小球的整理後會再傳遞至嗅覺皮質。

抵達嗅覺皮質的氣味資訊可透過數種途徑傳遞到大腦的不同區塊。除了認識氣味的眼眶額葉皮質之外，還會傳達到掌管愉快和不快反應及控制喜怒哀樂等情緒的杏仁核，以及掌管記憶的海馬迴。

〈嗅覺對人類的功能？〉

仔細想想，對人類來說，嗅覺到底具備何種功能？

嗅覺基本上就是捕捉空氣中的香氣分子，並將其資訊傳到大腦的結果。可以推測，嗅覺自古以來，便肩負著察覺看不到的天敵或是地處遙遠的火災，感知危險等功能。此外，在繁殖及育兒的過程中，自嗅覺蒐集到的資訊亦是不可或缺的一部分。

而更重要的是，人終其一生都必須找尋食物。這個水果是否已經成熟？食物是否尚未腐敗可食用 ？ 長久以來，食物是否安全且有價值的判斷基準全賴嗅覺。當然，享受優良的風味這點，一直以來對人類也具有相當高的價值。

圖1 嗅覺器官的構造

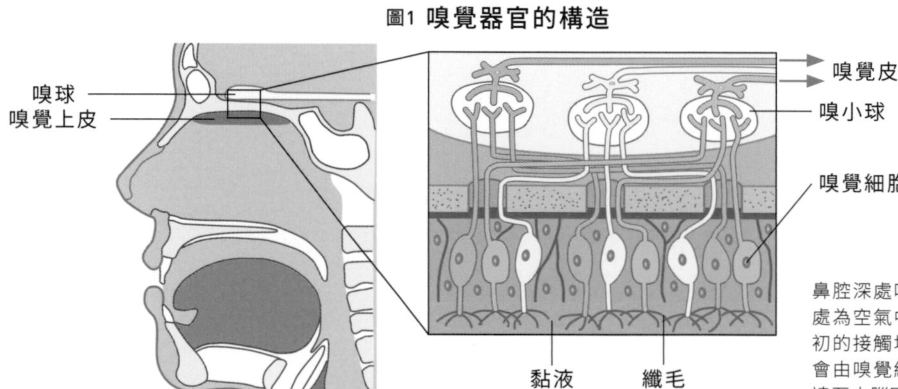

鼻腔深處嗅覺上皮的放大圖。此處為空氣中的香氣分子和身體最初的接觸地點。香氣分子的資訊會由嗅覺細胞轉化為電流訊號傳達至大腦區域。

Q 如何區分氣味？

嗅覺受體的種類大約為400個。可藉由有作用的嗅覺受體的「組合」來區分不同氣味。

〈嗅覺受體的種類約有400個左右〉

一般推測世界上存在著數十萬種的香氣分子。人們是如何去區分這些香氣分子的？對於研究人員來說，這是長期以來的難題。人類鼻子中大約有 400 種嗅覺受體。若一種嗅覺受體只能對應到一種香氣分子，我們是無法區分超過 400 種以上的氣味的。而來自外部的各種香氣分子的資訊，又是如何被傳遞到大腦的呢？

〈透過「組合」來傳達資訊〉

目前認爲受體和香氣分子之間的配對關係並非一對一，而是多對多的配對。換句話說，一種受體可和具有類似分子結構的複數香氣分子結合，除此之外，一種香氣分子亦可與多個受體結合。

舉例來說，當接收到一個 A 分子，有哪些受體會和 A 分子結合的「組合」資訊會傳遞到大腦，以此和其他分子做出區別。確實，若是以「組合」來看，就算只有 400 種嗅覺受體，也足以區分出相當多種類的氣味類型。

然而，當我們在做菜前所得到對整體氣味的印象，卻和比嗅覺更複雜的資訊處理息息相關。就算只是在最後稍微加一點香料進去，就足以大大提升整體菜餚的風味，同時，也可能完全毀了一道菜。又或者，某些味道獨特的起司，一旦搭配上特定葡萄酒，吃起來會變得無比美味，諸如此類的例子，都可讓人體會到搭配的神奇魔力。

香氣的「交互作用」實際上會發生在氣味傳遞的各個不同階段。針對嗅覺的許多研究已經顯示出如何找到香氣間的平衡點並非單純的加法，不僅有難度，也是相當有趣的課題。

今後，如果針對氣味交互關係的研究能繼續進展下去，相信有助於開發料理食譜等的具體知識也會大大增加。

〈個人的記憶和氣味〉

傳遞到大腦的氣味資訊，還會再去和由個人的記憶和經驗所建立的主觀意見和價值觀進行比對。日常生活中聞到的食物香氣等氣味都是複數香氣分子的混合物，但我們在感受氣味時並不會一一區分，而是以整體的方式去體驗香氣。

例如我們可以將丁酸乙酯（果香味）以及乙基麥芽酚（焦糖般的氣味）、α - 香堇酮（堇菜般的氣味）三種香氣分子以特定比例去混合，此時我們不會分別嗅出這三種氣味，而是會感受到一股「鳳梨香」。

當然，會得到上述的感受和過去的經驗有關，必須要和之前曾經聞過鳳梨的記憶做連結才行（見 p28）。

香氣的變化不是單純的加總算數，廚師和香水的調香師要能操控各式各樣的香氣，創造出「全新的香味和風味」，從這個意義上說，兩者可說十分相似呢。

Q 香氣會影響美味程度嗎？

好吃的風味是由味覺和嗅覺的組合一同打造出的。

〈捏住鼻子就能明白〉

經過了捏著鼻子吃巧克力的實戰體驗②（⇒見P23），大家是否已親身體會到氣味對美味來說是不可或缺的一部分了呢。嗅覺不僅會捕捉來自外部的「氣味」，事實上，還可感受到身體裡、口腔內以及通過喉嚨的「氣味」。

而大腦則會將嗅覺所捕捉到，嘴裡和經過喉嚨的食物的「香氣」以及味覺所接收到的「味道」等資訊加以融合再去感受。一般來說我們稱爲「風味」的滋味是混合了味覺和嗅覺才能感受到的美味。若沒有經歷過「捏鼻子體驗」，我們平常很難察覺到「香氣」是構成美味的一部分。

所以，爲了理解「風味」，就讓我們來看看產生嗅覺的兩條途徑吧。

如圖 2 所示，香氣分子可經由前方以及後方兩條路徑抵達鼻子深處的嗅覺上皮。分別是「鼻前嗅覺」以及「鼻後嗅覺」兩種通路。

〈鼻前嗅覺的通路〉

第一條路徑是外部的香氣分子通過鼻孔進入嗅覺上皮的鼻前通路。

一般當想到聞香這個動作時，我們會想到鼻子湊近花朵去吸取花香的動作。在吸氣同時，鼻子將身體外部的香氣分子吸入到鼻腔深處，這是第一種路徑。這種透過鼻尖通路獲取的氣味，被稱作「鼻前嗅覺（Orthonasal olfaction）」日文亦稱爲「鼻尖香」或「散發香」等。

Orthonasal 的字首「Ortho-」意思是「直的、直接的」。烤海苔時所感受到的海味便是透過鼻前嗅覺所感受到的香氣。人類透過鼻前嗅覺，不僅可在吃下食物前判斷食物的新鮮程度，還可比對過去的記憶預測吃下去的味道。此外，也會因鼻前嗅覺而湧現食慾。

圖2 鼻子剖面圖

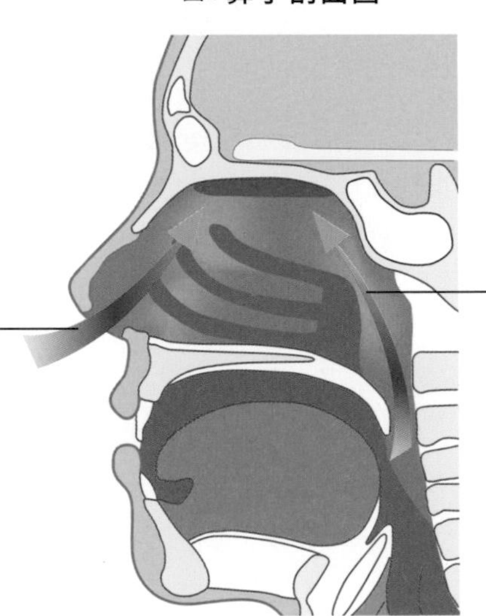

香氣傳達至嗅覺上皮的路徑可分為兩種：自鼻孔吸入的鼻前嗅覺以及咀嚼後食物的香氣自喉嚨竄升的鼻後嗅覺。而後者在形成風味上扮演了重要的角色。

〈鼻後嗅覺的通路〉

另一條路徑爲鼻後嗅覺（Retronasal olfaction）的通路。是穿過喉嚨至鼻子捕捉香氣分子的路徑。

Retronasal 的字首「Retro-」意思爲「後方的」。鼻後嗅覺在日文中又被稱爲「口中香」、「迴香」、「後香」抑或是「咀嚼香」、「穿喉香」等。是將食物放入口中咀嚼後嚥下的過程當中，隨著吐氣自喉頭朝鼻腔深處竄升的氣味。

經過此路徑所感受到的氣味，混合了味覺的五種味覺（甜味、酸味、鹹味、苦味、鮮味）及澀味、辣味等資訊，讓我們能感受到食品所含有的各式「風味」。當我們吃下草莓，享受到新鮮又甜蜜的「滋味」時，其實不僅是味覺，嗅覺也扮演了相當重要的角色。

因此，在仔細思考風味時，不僅要調查食材本身散發出的氣味，還必須注意食材入口咬碎時以及和唾液反應時所產生的氣味。有趣的是，有報告指出，就算是相同的氣味，一旦透過不同通路感知，便會刺激到不同的大腦區塊。

我們的大腦似乎可以區分資訊是來自鼻前嗅覺或是鼻後嗅覺的。

〈動物的嗅覺〉

順便一提，老鼠或者狗等其他的哺乳類動物因欠缺容易被嗅覺上皮捕捉香氣分子產生「鼻後嗅覺」的構造，故對他們來說，應當是無法像人類一樣進食時邊透過經喉的氣味來感受「風味」的。

一般認爲「狗的鼻子非常靈敏」。狗擁有高達人類 40 倍的嗅覺上皮細胞，救護犬或警犬可嗅聞出人類無法辨識的特殊氣味。但縱使如此，在感受入口食物的香氣以及享受美味這個部分，似乎還是人類技高一籌。

「人類爲何要烹飪？」關於這個謎題，無論是從保健的觀點來看或者是文化的觀點來切入，都能找到多種論述，然而人類之所以會如此致力於食物烹調，執著於風味的享受以及進食的樂趣上，這個身體構造似乎也是關鍵之一。

關於香氣的名言

「我不僅相信，在不包括嗅覺的狀況下，無法針對味道進行完整的鑑定，我還要進一步提出，嗅覺和味覺追根究柢當屬於同一種感官，甚至若把嘴巴想成實驗室，則鼻子便是實驗室的煙囪。」

《味覺生理學》薩瓦蘭（Jean Anthelme Brillat-Savarin）

薩瓦蘭是18世紀在法國出生的美食家。他早已指出香氣在食物的美味當中扮演著重要的角色。

Q 為何每個人感受不同？

遺傳因素以及飲食文化圈、自幼養成的飲食習慣等皆會造成影響。

〈遺傳因素〉

雖然前面曾提到「其他動物與人類感受氣味的方式不同」，但其實就算同爲人類，每個人對氣味的感受方式似乎也因人而異。

例如，有些人的特定嗅覺受體受到了基因影響，會對「雄烯酮」的氣味較不敏感。雄烯酮是人類汗液中也可找到的成分，世界三大食材松露的香氣中亦含有此物質。

再舉其他的嗅覺受體爲例，因基因差異，有些人必須要達到很高濃度才能感受得到「葉醇」的氣味。葉醇亦被稱爲「綠葉揮發物[10]」，是綠茶及很多蔬菜中所含有的氣味物質。我們很容易以爲只要是同樣的料理，不管誰來吃都可感受到相同的風味，然而事實卻並非如此簡單。

〈飲食文化圈及飲食習慣的影響〉

話雖如此，遺傳因素並非唯一會影響人對氣味及風味之反應及喜好的要素。同時也會受到自己習慣的飲食文化圈以及自幼家庭中的飲食習慣所影響。

一般認爲早在我們還在母親肚子裡時，就已經開始透過經驗學習了。舉例來說，有報告指出，若母親在懷孕中有吃紅蘿蔔，則小孩較不會討厭有紅蘿蔔味的離乳食（斷奶食品）。關於八角及大蒜的研究也有著相同的結果。

〈自經驗學習〉

此外，人在成長過程當中一定會遇到第一次挑戰幼時沒吃過食物的機會。此時，該食物對食用者留下了何種印象以及對身體有何種影響，都是重要的「學習」，而學習的內容似乎會對個人氣味及風味的喜好造成深遠的影響。在許多動物及人類身上都可觀察得到味覺嫌惡學習（食用了某種食物後，若內臟經歷了不舒服或狀況不佳的情況，則之後會避免食用該食物）的現象。

同樣地，也有以動物爲對象，針對伴隨味覺的嗅覺進行嫌惡學習的研究。研究的結果顯示，一旦你在吃某樣食物時體驗到了不快感，之後你也會對當下所感受到的氣味及風味感到難以忍受。

反過來，若吃到讓人感到美味、滿足且驚喜的風味，也會留存於記憶中，並改變日後對食物的感受方式。

我們的嗅覺做爲身體的入口感官之一，雖然有其嚴格保守的一面，但另一方面，爲了追求新的營養來源及快樂來源，嗅覺亦擁有隨著日常飲食經驗去變化推移的柔軟性。

column

2004年的諾貝爾獎揭開了嗅覺機制之謎

世界上存在著數十萬種氣味物質，而人類是如何嗅出不同氣味的呢？過去有許多學者挑戰這個謎題，提出了不少假說。

這些假說包括嗅覺細胞藉由香氣分子的震動來辨識氣味本質的「分子震動說」、由脂質構成的二層細胞膜去感知不同氣味的「吸附說」等，到了1990年代，美國的琳達．巴克（Linda Brown Buck）以及理察．阿克塞爾（Richard Axel）找出了嗅覺受體的存在。因這項卓越貢獻，他們於2004年以〈嗅覺受體暨嗅覺神經構築機制〉獲得諾貝爾生理醫學獎。

閾值

各種香氣分子都有閾值。所謂的閾值，就是一個香氣分子能讓人類感受到「氣味」所需要的最低濃度門檻值。也就是空氣中必須含有多少數量的分子，才能讓人感受到「氣味」的存在。若濃度低於閾值，則無法感受到「氣味」。

閾值會隨著分子的種類而異。空氣中飄散著許多分子，但有些種類的分子並不容易為人類所感受到，這些即屬於「高閾值」種類的分子。相反地，也有許多分子就算只存在少量，但卻很容易被人類察覺到，這些便是「低閾值」的分子。也因此，就算我們收集了一種水果所散發出的香氣成分，並將每種香氣成分的比例用數值表示出來，有時也和人類所感受到的感覺（「感官評價」）大相逕庭。

10 綠葉揮發物（Green leaf volatiles，GLVs），帶有青草香氣，聞起來有一股草味。

2. 烹調方法與香氣

準備、事前處理

關於活用香氣的烹調方法，首先要介紹的是準備及事前處理的程序。在備料的階段，經常會運用到切、剁或者磨等不同的烹調手法。這些處理不僅可改變食材的形狀以及質地，同時也會大大影響香氣與風味。

本章會先確認食材所含香氣的所在位置，並思考烹調手法與香氣間的關聯，再去進行準備及事前處理的步驟。

要因應香氣的所在位置去
採取適當的烹調手法。

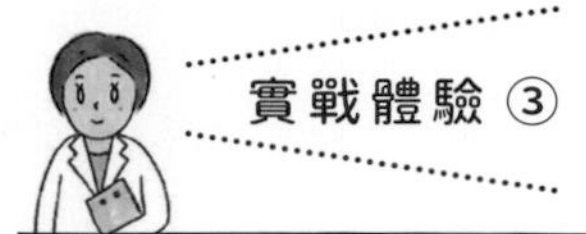

體驗主題

迷迭香的「香囊」位於葉子當中

用顯微鏡觀察香氣所在

顯微鏡：可以×100倍率觀察的顯微鏡（亦可選擇戶外用的攜帶型顯微鏡）
迷迭香葉（其他脣形科的香草植物）

步驟

1. 首先將迷迭香葉靠近鼻子聞聞看香氣。

2. 將顯微鏡的倍率調整到約×100倍左右。觀察迷迭香葉的背面，可看到有許多球狀的突起。這便是塞滿香氣分子的香囊（→見p32）。

3. 若手上有其他香草植物，也可觀察比較看看。

脣形科的香草植物在使用前稍微搓揉過或剁碎可讓香氣更加明顯。一旦實際觀察過表面的「香囊」後，就可清楚理解其緣由。

Q 運用香氣讓料理更好吃。準備和事前處理時要注意什麼？

認識食材香氣所在，有方法地帶出食材香氣並不讓其散逸。

「想享受食材的獨特香氣」、「想爲菜餚增添香草植物及水果的香氣」……在思考如何做出香氣四溢的菜餚時，首先必須先確認食材中香氣的所在位置，之後才能帶出食材中的香氣，並運用處理方式阻止香氣散失。

我們必須記住，香草植物和水果在成爲餐桌上的食材之前原本是「植物」。植物會產生獨特的香氣有其背景，也因此會將香氣儲存於有用的位置。每種植物生成香氣的機制及儲存方式皆有所不同。若我們能從這個角度來分析食材，便能獲得更多如何去活用香氣的靈感。

某些食材在經過準備及事前處理時的剁切、乾燥、磨碎等調理程序後，香氣會有所變化。本章將帶大家認識烹調方式與食材之間的關係，挑戰製作香氣四溢的料理。

column

植物為何會產生香氣？

有許多植物會在特定部位（如花、葉和果皮）中儲存獨特的強烈香味。植物為何要產生這些香氣呢？

對許多植物來說，香氣是因應外界的巧妙化學戰略。與動物不同，植物無法自生根處移動，必須在這種情況下維持生命及延續物種。產生氣味的目的一是「吸引對自己有利的動物、昆蟲和微生物接近（=吸引效果）」，一是「驅離對自己有害的東西（=忌避效果）」，此外還有「與其他植物相互傳遞資訊」等理由。例如，脣形科的香草植物羅勒的葉子及萼片中具有裡面裝滿了香氣分子的香囊。

另一個世界的森林深處？

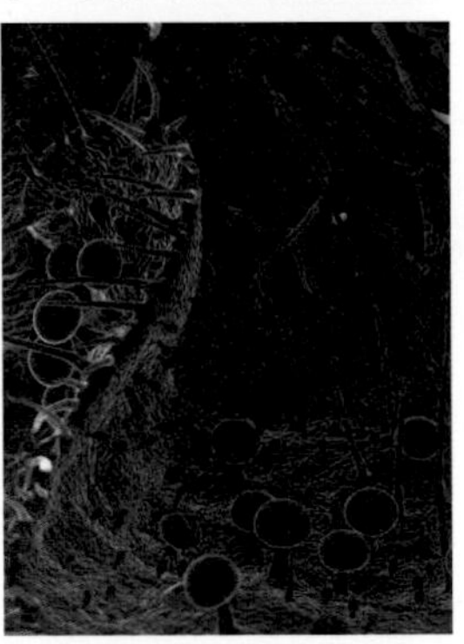

上圖其實是用電子顯微鏡所看到的香草植物（羅勒）的萼片之照片。展現在我們眼前的是肉眼難以觀察到的一個美麗又複雜的微型世界。用一般家裡的顯微鏡無法捕捉到這麼多細節。在葉子和萼片的表面，有著由表皮細胞延展成的毛狀體（毛狀突起）。可以觀察到許多「香囊」生成以及儲存的模樣。

(圖片來源：理化學研究所)

Q 經「分切、剁碎」方式烹調，香氣會改變嗎？

香草植物以及香料經「分切、剁碎」處理後會散發出不一樣的香氣。

每種植物都散發著獨特的香味。爲了活用香草植物和香料類、蔬菜和水果等植物性食材的香氣，首先非常重要的是必須掌握香氣的來源。就算是同一種食材，香氣也可能會因分切和剁碎的方式而異。

接下來本節將介紹「分切、剁碎」的調理方式與香氣之間的關係。

①脣形科香草植物的香氣

大家都知道，利用薄荷、迷迭香、百里香、青紫蘇和羅勒等唇形科香草入菜時，在用之前只要稍微搓揉或者剁切過，就可讓香草聞起來更香（羅勒若搓得太大力會變黑，要十分小心）。

正如我們在實戰體驗 ③（⇒見 P30）中所觀察到的，這些香草植物葉子表面的毛狀體（毛狀突起）有著很小的「香囊」，具有一旦受到外界刺激就會散發表面香氣的功能。

香囊中所儲存的獨特香氣是植物針對有害於葉片的昆蟲和微生物的防禦機制。自我防護便是薄荷和羅勒這類唇形科香草植物生成香氣分子的目的。如圖 1 所示，香囊的根部有著分泌細胞可產生香氣分子，再將香氣分子儲存於囊袋中。

② 月桂葉的切法

月桂葉與唇形科的香草植物不同，香氣儲存在結實的葉子內部。因此若想要更強的香味，可以切一下再用。食材的「切法」也會影響香氣。

一般大家將月桂葉加入湯和燉煮料理時會用什麼切法呢？ 以下就來看看針對乾燥月桂葉使用不同「切法」的實驗報告。

比較下列四種切法所產生的月桂葉香氣：

A：未切過
B：水平劃出切口
C：切成 1 平方公分的小碎片
D：研磨後再用網眼爲 1mm 的篩網篩過

月桂葉的主要香氣成分包括帶有柑橘類香氣的「檸檬烯」、清爽又清涼的「桉葉油醇」、聞起來像萊姆的「萜品烯」以及氣味辛辣的「乙酸萜品酯」等，切得越細，檸檬烯的量便越少，相對地，桉葉油醇以及乙酸萜品酯聞起來就會益發強烈。

換句話說，切得越細，月桂葉的新鮮果香聞起來越淡，而刺激性的香氣則越強。此外，以上四種月桂葉水煮時，香氣最強烈的是使用「B」切法者。因此我們可以了解到，即使使用相同的材料，就算只改變切法，料理完成時的香氣和風味也會有所不同。

＊佐藤幸子、數野千惠子〈烹調時不同形狀月桂葉的香氣成分〉

圖1 脣形科香草植物

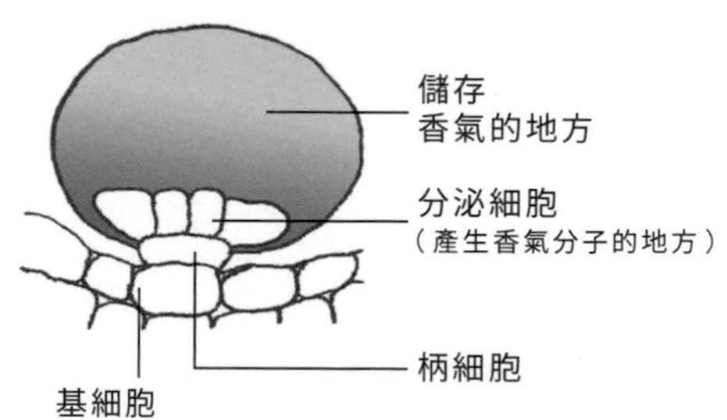

脣形科香草植物的香氣分子是在哪裡製造出來的呢？ 一般認為是由「香囊」基部的分泌細胞所合成，再儲存於囊袋當中。

③ 柑橘類的果皮與切法

檸檬、柳橙和柚子等柑橘類水果的香氣清新，是相當有魅力的食材，其果皮部分飽含了大部份獨特的香味。果皮上可看見呈顆粒狀的「油胞」（⇒見 P13），當中塞滿了香氣分子。油胞是比脣形科香草植物上的毛狀體「香囊」還要大上許多的器官。一旦油胞被切開，便會散發出香氣。

因此，在製作日本料理香頭（吸口）時，會加入削好的柚子薄皮。一打開碗蓋，加熱後揮發的香氣分子就會從切開的油胞處擴散，營造出豐富的季節感。

其他例子如製作法式糖漬橙皮巧克力時，僅使用水果中香味最強烈的果皮部分，而調酒師會在調酒中加入少量萊姆或檸檬果皮，以增添香味及色彩，加強整體印象。

用柑橘類果皮醃漬鮮魚，可使鮮味及清爽的香味加乘。若要用油脂含量相對較高的魚入菜，如下面的食譜「檸檬醃紅鮒」，可將果皮細細切碎，以從油胞中帶出足夠的香氣。切碎後爲了避免香氣揮發到空氣中，必須盡快將果皮吸附到鮮魚上。

這裡的食譜用的是檸檬，但也可以選擇其他柑橘類水果如柚子來醃漬。

利用「分切、剁碎」帶出香氣的食譜

檸檬醃紅鮒

材料（4人份）

紅鮒（生魚片柵塊）……320g（去皮）
檸檬皮……2顆的量（用刨皮器只取黃色部分後切碎）
鹽……少許

做法

1. 紅鮒稍微灑點鹽後裹上檸檬皮碎，置於調理盤中包上保鮮膜冷藏，醃個3小時到半天左右。

2. 將**1**取出去除檸檬皮，切薄片後盛盤，再淋上橄欖油及鹽即成。

油脂含量高的紅鮒搭配上清爽的檸檬香氣。
將檸檬皮細細剁碎以充分帶出檸檬的香氣。

Q 乾燥處理後香氣會改變嗎？

經乾燥處理後，整體香氣會變弱，香氣的平衡也會改變。

夏天時庭院裡的香草植物生長茂盛，許多人可能會乾燥處理後保存之。乾燥後的香草具有保存期限長及體積小等優點。然而，在香氣上，與新鮮狀態相比，乾燥過的香草整體的香氣會變得較弱。此外，由於所含的各種香氣分子平衡會發生變化，因此，與其當作是新鮮香草的乾燥版本，在入菜時，最好將其視爲不同的材料來運用。下面我們就來看看在乾燥過程中氣味產生變化的例子。

① 新鮮百里香與乾燥百里香

烹飪海鮮時常用到香草植物百里香，其新鮮葉子和乾燥過的葉子香味有什麼分別呢？

有一個實驗比較了花園百里香的新鮮葉子和乾燥葉子（束成小把曬乾一週）。新鮮的百里香中，整體香味的平衡主要由帶微弱柑橘香的「蒔蘿烴」、木質香的「萜品烯」，以及藥劑味的「百里酚」所構成，而乾燥百里香當中，帶有花香的「芳樟醇」、具樟腦香的「龍腦」及具有針葉樹般香氣的「α-蒎烯」之比例則增加了。新鮮百里香給人如藥劑般的藥草香，但乾燥後卻會產生不同的香氣調性。

然而，乾燥後的百里香由於體積減少，用量往往會下手較重。尤其值得注意的是，由於乾燥後的百里香會帶點苦味，因此最好酌量使用。

② 乾香菇的香菇香精

將食材乾燥處理後再去烹調可產生令人愉悅的香氣。日本人相當熟悉的「乾香菇」便是最好的例子。

乾香菇高湯的風味很適合用來製作素麵醬汁等。乾香菇獨特的香氣與風味來自硫化物「香菇香精」，可透過新鮮香菇乾燥後再用水泡開的處理程序大量產生。

column

世界各地的綜合香料和綜合香草運用

乾燥後的香草具有易磨成粉末狀的優點。變成乾燥粉末狀的香草及香料的香氣較易於混合。以下便是幾種來自世界各地的綜合香草植物和綜合香料。

「普羅旺斯綜合香料」混合了法國南部香草植物（百里香、迷迭香、鼠尾草、馬鬱蘭、薰衣草等）。「四香粉（Quatre épices）」在法語中意即為四種香料（白胡椒、肉豆蔻、薑、丁香或肉桂等四種）。印度的「葛拉姆馬薩拉（Garam masala）」，印地語中意為「辛辣香料混合而成的香料」（孜然、芫荽、豆蔻、丁香、肉桂、黑胡椒、肉豆蔻等）。中國的「五香粉」（丁香、肉桂、陳皮、花椒之外，還會搭上八角、茴香等五種香料），日本的「七味粉」（辣椒、山椒、陳皮、芝麻、芥子、火麻仁、海苔等七種）等。

上述綜合香料在一定程度上有著標準的配方，但會因地區以及用途的不同而流傳不同版本。

Q 經「研磨、搗碎」方式烹調，香氣會改變嗎？

有些食材如大蒜和山葵，可藉由破壞細胞以產生香味。

植物的強烈香氣是爲了生存而演化出的化學戰略（⇒見 P32）。爲了保護自己免受動物和昆蟲侵害而合成的物質必須好好處理並有效利用，而不會傷害到植物本身。

爲了達成這個目標，其中的一個方法是像脣形科的香草植物一樣，事先生產好並儲存在專用的香囊中（⇒見 P33）。而本節則會介紹其他植物所採取的另一種方法。這種方式無需事先製作香氣，而是在需要時當場生成香氣──「當被敵人咬到時，就會產生強烈的氣味擊退敵人」。有相當多種類的植物採取的是此類香氣合成方式。

而能透過研磨和搗碎來產生香氣的食材便是採用此機制的植物。

① 研磨大蒜

大蒜本身就是強烈氣味的代名詞，其獨特香味的核心物質是「大蒜素（硫化物）」。

然而，只是把大蒜放著並不會產生太強烈的氣味。大蒜必須要經過切碎或者磨碎等處理，當其細胞被破壞，含硫胺基酸的蒜胺酸因大蒜素酶的作用而產生大蒜素，才會生成大蒜的香氣。除非細胞遭受到物理性的破壞，否則無法合成此種獨特的氣味。這大概是大蒜爲了避免被土壤中的昆蟲和動物吃掉而衍生出的機制。

② 研磨山葵

山葵是日本料理中相當受歡迎的藥味（調味料）。近年來西式會席料理和法國料理也開始使用山葵。山葵經典的刺鼻辛辣味及香味來自於「異硫氰酸烯丙酯」。而山葵的根莖本身並不包含此種成分，必須經過磨碎，讓硫代葡萄糖苷藉由酵素作用後才會產生。順帶一提，剛生成的異硫氰酸烯丙酯具有很高的揮發性，磨好數分鐘後是最佳的食用時機。要注意其獨特的香氣在那之後會逐漸減少。

山葵當中的刺激性香氣和辛辣成分雖然也可在芥子和西洋芥末當中找到，但已經證實日本水山葵[11]的香氣中含有獨特的新鮮青草調。

③「青草香氣（綠葉揮發物，GLV）」的生成

提到外界的刺激而產生的植物香氣，大家便會想到「青草香氣」。

這種氣味是在 19 世紀下半葉，當德國研究人員開始探索新綠季節草木所發出清新和青草氣味的起源才被發現的。到了 20 世紀，日本宇治茶的新鮮葉子中被發現含有這種青草香氣，透過多名日本研究人員的研究，才終於揭開了青草香氣的神秘面紗。所謂的青草香氣並非由單一氣味物質所構成，而是由以葉醇爲首的八種含有六個碳原子類似結構的物質所混合而成的香氣。幾乎所有被子植物都會產生這種氣味。

「青草香氣」的生成原因包括植物間的資訊交流，以及當葉子受到昆蟲等損害時的應對策略等，植物會根據用途混合複數香氣分子，散發出不同的「青草香氣」。也有研究報告指出，「葉醇」以及「青葉醛」的混合物對人體有鎮靜作用。

11 水山葵，日文為水ワサビ、谷ワサビ、沢ワサビ，在水裡生長的山葵。

④ 搗碎山椒嫩葉

你曾經看過陽光穿透山椒葉的樣子嗎？若有，你可看到葉子上有很多小點。這便是芸香科植物的葉子中儲存香氣分子的「油腺」。

在用山椒葉裝飾料理前，會先用手掌或剪刀拍過葉片便是爲了從葉子的油腺中帶出香味。若想充分利用山椒的香味，則可將葉子磨碎後使用。採用「搗碎＝磨碎」調理法會破壞食材的組織或細胞，達到較平滑的口感，因此會具有較容易與其他液體和調味料混合的優點。例如春季的經典菜色「春筍拌山椒嫩葉醬」的醬料便是將山椒嫩葉搗碎後和醋味噌混合而成，可品嘗到醋味噌的滋味及山椒的香氣。

關於山椒葉研究有一項很重要的結果，那就是山椒葉中所含的各類香氣分子的比例在生長過程中會發生變化。

山椒葉當中含有具針葉樹般香氣的「α-蒎烯」、辛辣的「香葉烯」、柑橘調的「檸檬烯」，以及清涼的「水芹烯」和「香茅醛」等成分。比較在各個成長過程中大小不同的葉片（小＝2cm×1cm，中＝3.5cm × 2cm，大＝6.5cm × 3.5cm）成分後，我們發現，小且年輕的嫩葉不僅整體上香氣較豐富，而且含有如檸檬烯和香葉烯等清爽香氣的比例較高。在較大的葉子中，α-蒎烯和水芹烯的比例較高，所散發出的木質系綠葉香氣也較強烈。

下面的食譜「馬鈴薯疙瘩」使用的不是初春時小且嬌嫩的「山椒嫩葉」，而是庭院裡長到中～大尺寸的山椒葉。山椒葉磨到滑順後混合富含油脂的醬汁，其獨特的青草香可收畫龍點睛之效，發揮出不同於山椒嫩葉的山椒香氣及魅力。

利用「搗碎」帶出香氣的食譜

馬鈴薯疙瘩
佐山椒青醬

山椒葉青醬的材料（方便製作的量）

山椒葉……10g
橄欖油……40ml
鹽……一撮

麵疙瘩的材料（4人份）

馬鈴薯……300g（帶皮水煮後去皮搗成泥）
蛋……1顆
帕瑪森起司……40g（磨成粉）
高筋麵粉……140g
鹽……3g

奶油……30g
松子……10g
大蒜……１瓣（切碎）
帕瑪森起司……10g（磨成粉）
山椒青醬……15

做法

1. 將山椒青醬的材料放入研缽中搗碎。
2. 將麵疙瘩的材料混合後搓揉成一口大小。用叉子壓出溝痕後水煮。
3. 將奶油、松子、大蒜放入平底鍋中煎出焦色，再加入**2**拌勻。
4. 關火加入帕瑪森起司與山椒青醬15g即成。

用山椒搭上橄欖油製成青醬。
獨特的草本香氣是大人才懂的滋味。

2. 烹調方法與香氣

加熱烹調

人類學者中有一派認為，人類的祖先自150萬年前就開始因食用目的而烤肉。在近年不同領域的研究當中，皆認為用火烹調對人類的進化擁有相當重大的意義。透過加熱烹調，不僅可讓食材變得更加容易消化吸收，還能讓食材散發出與生食時完全不同的「香氣」。

本章將進一步介紹經加熱烹調而產生變化的料理香氣。

體驗主題

因加熱而產生的香氣

感受烘烤的咖啡香

咖啡生豆、小型烤網（烤銀杏時用的平底型）、吹風機、磨豆機
＊咖啡生豆可自咖啡專門店（店面或網路）購買。

步驟

1. 拿起一顆咖啡生豆聞聞看。此時的生豆尚不具咖啡獨有的強烈香氣。

2. 將咖啡生豆放到烤網上加熱。烤網距離瓦斯爐直火約10～15cm，一邊輕晃烤網一邊烘烤。盡量使所有的豆子都能均勻受熱。

3. 加熱開始15分鐘左右之後豆子會開始發出劈啪聲。大約烤20分鐘就可停止加熱。

4. 由於餘溫會持續加熱豆子加重烘烤程度，將豆子置於篩網上，再用吹風機的冷風模式等讓豆子降至常溫。

5. 待豆子恢復至常溫，再聞聞看咖啡豆的香氣。此時可聞到和生豆不同的焦香味。

6. 靜置30分鐘後再將豆子磨成粉。

經過加熱的食材香氣會大有變化。
透過烘烤咖啡生豆，可體驗到因加熱而產生的香氣。
此外，豆子磨成粉後香氣分子會容易揮發，可感受到更加強烈的香氣。

Q 加熱烹調後香氣會改變嗎？

生的食材本身的香氣和加熱所產生的新香氣都會發生變化。

加熱烹調如何改變菜餚的香氣？ 接下來讓我們從「香氣分子的移動」這點切入，去思考氣味的變化如何發生，以及它們如何轉化為美味。

我們將分成兩種香氣：新鮮香氣（生的食材本身帶的香氣）和加熱香氣（加熱所產生的香氣）來探討。

〈要利用或者抑制新鮮香氣？〉

「新鮮香氣」指的是食材原本就具有的香味。蔬菜和水果、肉類、魚類、穀物等所有食材或多或少都有「香氣」，而當我們吃進嘴裡時，會以「風味」的形式感受到這些香氣，就算之後透過加熱烹調改變了香氣，食材本身新鮮香氣的品質依然會大大影響烹調的成果。由此可知，要做出美味的食物首先得選擇好的食材。

然而，有些新鮮香氣並不討喜，如腥臭味和生生的草味，因此若能減少這些香氣，便可讓食物變得更美味。例如蔬菜的生草味可以透過加熱烹調揮發掉，使之吃起來更順口。

反之，就算是需要加熱烹調的菜餚，有時候還是想盡可能地留住新鮮的香氣。由於香氣分子具揮發性，爲了不使香氣散逸，烹調時必須調整溫度和時間並選擇適當的烹調器具。

〈抽出香味〉

接下來我們來看當食材浸入液體（如水或油）時新鮮香氣的流動方式吧。每次加熱時，新鮮香氣都會溶出到周圍的液體中。因此若目標是要把好的香氣轉移到液體中時，便可採取此烹調方法。例如用水（熱水）去萃取高湯、將肉或香草植物煮成高湯、泡茶、在熱油中放入大蒜帶出香氣……這些都是希望將食材的香味萃取到液體當中的實例。

反之，像是燙蔬菜等不希望喪失食材新鮮香氣的時候，則需要拿捏加熱時間。

〈注入香味〉

除了上述情形以外，如果主要食材周圍有其他食材的香氣分子，該分子亦有轉移到主要食材當中的可能性。

例如若將主要食材浸漬於用醬油調成的醃漬液中，醬油的香味就會轉移到食材裡面。除了從液

體吸取氣味外，亦可能從固體吸附香氣。譬如世界各地都可找到用細竹葉或蒲葉等植物葉片包裹米飯轉移葉片香氣的地方菜，這便是香氣分子從固體轉移到主要食材的例子。

因此，在烹調時，若能意識到材料中的香氣分子隨時都在移動，最終成品的香氣和風味的完成度也會較高。

在實際的調理過程中，除了上述新鮮香氣的移動外，因加熱所產生的加熱香氣的生成和移動也會同時發生。

〈加熱所產生的香氣〉

食材經過加熱會出現新的「香氣」，這便是「加熱香氣」。與新鮮香氣不同，食材本身並不包含這種香氣，只有透過加熱才能讓食材成分產生變化生成這種香氣。

而這種產生加熱香氣的代表性反應，包括本節（⇒見 P46）出現的梅納反應（加熱胺基酸和糖所引起的反應）以及第三章「甜味劑 × 香味」（⇒見 P107）中的焦糖化反應（加熱糖所引起的反應）。使用烤箱或平底鍋烹調時，經常會聞到焦香的香氣，大多數情況下都與這種反應有關。

〈加熱香氣的魅力〉

大多數人都很喜歡這種反應所產生的焦香香氣，但這究竟是為什麼呢？ 究其原因，一些研究人員認為，「人類會利用氣味這種間接資訊來判斷營養源」。例如糖是一種營養源，人類吃到糖時，味覺會感到「甜味」這項關於營養素的直接資訊，而香氣則是間接資訊。換句話說，我們聞到了焦香的香氣，就代表食材當中含有胺基酸和糖等營養源，同時也代表食材已經過加熱，已轉化為容易消化的狀態。

這可能就是為何我們會被烤箱裡飄來的香味所深深吸引的理由吧。自古至今，人們都是這樣充分利用嗅覺來尋找食物的。

※小林彰夫，久保田紀久枝〈烹調與加熱香氣〉烹調科學 Vo1.22No.3（1989）

透過加熱洋蔥感受香氣的變化

梅納反應所產生的香氣是生洋蔥所沒有的美味香氣。

在日常烹調中，最容易實際感受到新香氣生成的例子，莫過於炒洋蔥的時候了吧。製作咖哩或法式洋蔥湯時，會先將洋蔥切片或切碎再去慢慢煎炒。炒時讓洋蔥的質地逐漸改變並呈現褐色的變化叫做「梅納反應（⇒見 P46）」。除了顏色之外，香氣和味道也發生了巨大的變化。

下列是一個研究炒洋蔥氣味變化的實驗。前 5 分鐘用 250° C 的高溫去炒，之後降到 170° C，每 5 分鐘觀察一次，如此持續炒 70 分鐘。根據試吃人員的反應，直到開始加熱 20 分鐘內都還可感到「洋蔥味」。生洋蔥所帶有的刺激性蔥味來自於二硫化二丙基，這種成分也可在大蔥等食材中找到。而實驗結果顯示，在 30 至 35 分鐘時聞起來有「甘甜的香氣」，40 至 45 分鐘時可感受到「焦香香氣」，55 分鐘以上則是「焦臭味」。被認爲聞起來很美味的香氣是落在 40 到 45 分鐘之間的香氣。

再舉高麗菜爲例，也可感受到活用新鮮香氣的沙拉與加熱炒過的高麗菜在香氣和風味上的差異。高麗菜在生食時屬於「青草香氣（⇒見 P37）」，有著綠葉般的香味，但炒過的高麗菜幾乎聞不到這種味道，取而代之的是甘甜和煎烤過的香氣。

利用「炒」帶出香氣的食譜

焦糖洋蔥佐山羊起司沙拉披薩

材料（4人份）

披薩餅皮（市售現成品）……4張
洋蔥……3顆的量（切薄片）
鹽……1小匙
綠橄欖……16顆（去籽）
新鮮山羊起司……120g
芝麻葉……適量
（烤過的）胡桃……適量
橄欖油……4大匙

做法

1. 於平底鍋中加入洋蔥、2大匙橄欖油及鹽，用中火慢慢炒至洋蔥呈褐色為止。
2. 將**1**鋪到披薩餅皮上，放入烤箱用220°C烤約15分鐘。
3. 盛盤，放上綠橄欖、新鮮山羊起司、芝麻葉及胡桃，再淋上2大匙橄欖油。

將洋蔥炒成褐色，徹底帶出焦香風味。
加在披薩上享受其口感。

Q 為何加熱後會產生香氣？

透過加熱會產生梅納反應和焦糖化反應。

加熱烹調如炒、烤、煮可產生香氣，而且可能產生新的風味。這個現象和透過梅納反應或焦糖化反應（⇒見 P107）去生成香氣息息相關。

〈梅納反應〉

梅納反應是糖和胺基化合物的化學反應，1912 年時由法國科學家 Maillard（梅納）所提出故得名。當用平底鍋煎烤肉或魚，或者用烤麵包機烤吐司時，食材會變成褐色並散發出好聞的焦香味，這些現象都與梅納反應有關。

〈因原料和溫度不同，會產生各種香氣〉

雖然統稱爲梅納反應，但因食材中所含的胺基酸和糖的種類以及加熱時的溫度不同，所產生的香氣分子類型也會不同。例如，胺基酸的一種「白胺酸」和糖所產生的化學反應裡，用 100° C 加熱時會產生香甜如巧克力般的香味，而用 180° C 加熱時則會產生烤起司般的香味。而另外一種胺基酸「纈胺酸」在 100° C 時會產生如裸麥麵包的香味，而在 180° C 時則會產生高刺激性的巧克力般香氣。實際上食物中不僅僅含有一種胺基酸，而有各式各樣的種類，因此加熱時產生的香氣範圍相當廣泛。其複雜的香氣造就了食物新鮮出爐時的美味。

〈醬油和味噌〉

梅納反應雖然較容易在高溫下發生，但其實也可在長時間的低溫下發生。例如日本料理的經典調味料醬油和味噌便是很好的例子。這兩者的褐變及香氣的生成與熟成過程中的梅納反應有關。此外，使用醬油和味噌去烹調可更容易引起梅納反應。

〈香氣的原理〉

一些研究顯示，梅納反應所產生的氣味甚至與食物的美味及濃郁度有關。此外，近年來有一些非常有意思的研究也顯示梅納反應產生的香氣會影響人體的自律神經系統，活化副交感神經，具有緩解焦慮或緊張的情緒和使人放鬆心情的可能性。

圍繞著火爐烤肉之所以會讓參加者感到放鬆和和諧的氣氛，說不定就是受到了加熱香氣的影響呢。

雖然統稱為梅納反應，但卻能產生相當多樣的香氣呢！

Q 咖啡豆、焙茶為何聞起來那麼香？

烘烤會使成分產生變化，產生造就美味的關鍵香氣。

〈什麼是烘烤〉

「烘烤（Roast）」是不使用油脂等介質，用乾煎去加熱的方法，除了減少水分改變口感外，運用此手法的目的多爲希望藉著加熱去產生新風味。例如，烘烤過程中產生的香氣在創造咖啡和焙茶的美味上就扮演了重要的角色。

〈咖啡香氣的變化〉

咖啡是世界三大飲品之一，在世界各地擁有合適氣候和地理條件的許多地方都有栽種。咖啡的魅力來自於其複雜的香氣和風味，目前已在咖啡中發現了超過 800 種的香氣分子。

各種咖啡生豆品種和不同產地間的成分差異顯而易見，但在烘烤前，就算是再知名產區的生豆也不會有「咖啡香」。親身嘗試過實戰體驗④（⇒見 P41）的讀者應該能體會到。通過烘烤，生豆中所含的脂質、碳水化合物、蛋白質、綠原酸、咖啡因、葫蘆巴鹼等成分會產生變化並確立香氣的特徵。

在淺焙階段會產生醋酸等清爽的風味，但隨著烘烤程度加重，經過前頁所提到的梅納反應所產生的呋喃類的甜香會隨之增加，同時會產生酚類的煙燻香氣以及吡咁類的烘烤香氣（芳香偏焦的香氣），創造出濃厚的風味。即便是使用相同條件的生豆，因烘烤程度不同，香氣也可能大不相同。

〈棒茶香氣的變化〉

焙茶也是可品嘗到烘烤香氣的飲品。與咖啡一樣，焙茶中含有吡咁類和呋喃類等香氣成分。

焙茶當中，發源自石川縣金澤市的「棒茶」香氣濃郁，以石川縣爲中心廣受歡迎。其最大特點是，它不像普通的焙茶用茶葉來製作，而是烘烤茶莖所製成。

棒茶香氣的分析報告顯示，其香氣濃烈的秘密就來自於莖。比較葉和莖的胺基酸含量後發現，莖的含量是葉子的 1.5 倍。因此，梅納反應較旺盛，可產生很多吡咁類的分子。讓「棒茶」香氣逼人的秘密就在於胺基酸。此外，棒茶還含有香葉醇和芳樟醇等花香調的香氣。厚實的烘烤香氣搭配花香造就了棒茶迷人的香味。

葡萄糖與各種胺基酸以100° C時加熱時所產生的香氣

胺基酸種類	香氣類型
麩醯胺酸	巧克力般的香氣
甘胺酸	焦糖般的香氣
丙胺酸	啤酒般的香氣
絲胺酸	楓糖糖漿般的香氣
甲硫胺酸	馬鈴薯般的香氣
脯胺酸	玉米般的香氣

將葡萄糖與各種胺基酸以100°C時加熱，會產生出不同的香氣。由於食材中含有多種胺基酸，故會產生複雜的香氣。

＊表為作者參考〈梅納反應及風味的生成〉之內容所製成

Q 為何煙燻會讓香氣改變？

燃燒有香味的植物所產生的煙霧中也含有香氣分子。

現在聽到「Perfume」這個詞就會讓人聯想到香水，這個詞的語源爲拉丁文，意思是「通過煙霧」。樹木的枝葉和樹脂中所含的香氣分子在燃燒時會成爲煙霧的一部分。自古以來，人們就感受到了這種芬芳煙霧的神奇力量，並用於宗教儀式和疾病護理。古早的人類在植物的「煙霧」中發現了現代所謂的鎮靜和抗菌作用。

使用煙霧進行「煙燻」的加熱烹調方法最初是爲了延長生鮮的保存期限才發明的。煙燻時會使用木材（木片等）產生煙霧，而每種木材的香氣皆會大大影響成品的風味。櫻花木的香氣偏強，適合用來燻烤油份高的食材。蘋果木帶有溫和甜味的香氣，和魚等清淡的食材可說是相得益彰。胡桃木和楠木的香氣較柔和，可運用於各種食材上。

木材（煙燻）產生的煙霧中含有有機酸、酚類和羰基化合物等成分。用木材來燻製食物，不僅可增添煙燻風味，也具有防腐效果。

然而，近來煙燻食品比起提高保存性，似乎更像是一種個人嗜好，主要目的爲享受煙燻烹調所帶來的風味和口感。下面要介紹的木炭烤海鮮，亦是爲了享受松葉的香氣，才會在加熱烹調時加入植物葉子的。

利用「煙燻」帶出香氣的食譜

松針燻海鮮

材料（2人份）

帆立貝干貝……2顆
整尾蝦……2隻（去除背腸）
烏賊一夜乾……1片（劃出切口）
鹽……適量
木炭……適量
松針……適量

做法

1. 於干貝、蝦子、烏賊一夜乾上撒鹽。木炭點著後放上烤網，先烤一面，烤好後再翻面。
2. 將松針放在**1**的木炭上蓋上蓋子烤熟即成。

※小心不要讓松針著火。

用松針的香氣去煙燻，蓋過了海鮮的腥味。
適合烤肉時製作。

3. 香氣萃取方式

油脂×香氣

油脂可增添食材的味道深度以及濕潤度，並且擁有可高溫加熱食材的功能，不僅是烹調時重要的材料之一，還可在香氣、風味等方面提升美味度。

首先，油脂本身所帶有的獨特香氣就可為菜餚增添風味。

除此之外，自古以來，油脂即被用作「溶解香氣的溶劑（溶媒）」。這是因為香氣分子大多具有親油性（疏水性）的特性。

本章將介紹與油脂相關的「香氣」。

橄欖油和麻油等各種油品各自有著不同香氣，同時油脂也具有容易溶解香草植物的香氣之特性。

體驗主題

香氣易溶於油

製作蒜香橄欖油

橄欖油 100ml
大蒜 1片（切成兩半）

步驟

1. 將橄欖油100ml倒於密閉瓶中。
2. 放入1片大蒜。
3. 放置一週後再將蒜片取出。
4. 聞聞看橄欖油的香氣。

可觀察到大蒜的香氣已轉移至橄欖油中。
食材中所含有的香氣分子大多屬「親油性」的分子，具有易溶於油脂中的特性。

★「植物油的香氣」×「香草植物、香料的香氣」。快動手做做看各種風味的香料油吧。

Q 香氣真的很容易溶於油嗎？

食物中的許多香氣分子具「親油性」。比起水，它們更容易溶解於油脂中。

每種植物油都帶有來自其製作原料的獨特香氣，但同時亦可用來轉移其他食材的香氣。這是因爲香氣分子具有易溶於油脂類的特性。

食物的香氣分子大多具有親油性（脂溶性）的特性，容易溶於油脂中。反之，親水性（易溶於水）的香氣分子則相當少見。植物油是相當方便的材料，可將香草植物、香料、調味料等的香味自食材本身當中抽出、儲存並活用於烹調上。

下面將列出一些展現油脂儲存香氣分子能力的實例。首先，我們先來看看構成大蒜香味的香氣分子「大蒜素」的例子。

〈大蒜香氣實驗〉

將大蒜放入水中並加熱十分鐘後，液體中不會檢測到大蒜素。因此推測在十分鐘內，大蒜素便揮發到空氣中了。但是，如果加熱時加 10 ～ 15% 的油脂，就算連續滾六十分鐘，也可於液體中測得相當程度的大蒜素。而且，油脂的量越多，大蒜素的殘量就越高。這是由於大蒜素溶解在油脂中，成功避免了與空氣的接觸之故。

〈香料油〉

我們可以利用油脂溶解和保存香氣的性質來製成調味料——「香料油」。將帶有香味成分的食材放入加熱過的油脂中，便可萃取出食材中的香氣分子製成香料油。

辣油是廣爲人知的香料油之一，是用加熱過的菜籽油去浸泡辣椒、大蔥和生薑等材料萃取其香氣所製成。此外，亦可將材料浸泡於室溫下的油中放置數日萃取出香氣。

〈利用油脂萃取茉莉花的香氣〉

雖然不是食品，但在萃取香料的技術當中，針對香氣分子親油性質的運用也有著悠久的歷史。

過去在萃取茉莉花香料時，會使用牛油和豬油等動物性脂肪。首先在玻璃板上塗上一層薄薄的油脂，再將花排列在玻璃板上放置一段時間，如此，香氣分子就會轉移到油脂中。每隔一陣子便會換上新的花朵，重複數次讓油脂吸飽香氣，之後再處理油脂便可得到香料。以前必須藉著這種曠日費時的方法才能獲得寶貴的香料。

香氣易溶於油的性質可應用於許多地方上呢！

Q 橄欖油本身也帶有很好的香氣對吧？

植物油本身的香氣也很重要，會對食物的風味造成很大影響。

從植物萃取出的油會帶有來自原料的淡淡香氣，這股香氣也會影響到做好成品的味道。除了本身做爲油品的用途外，亦有增加風味的功能。

植物油的香味可爲特定飲食文化圈的菜餚賦予特色和價值，下面便以橄欖油爲例來做說明。

〈「風味的原理」和橄欖油〉

橄欖油是地中海沿岸國家當地菜色中不可或缺的植物油。國際知名美食記者伊莉莎白．羅金所著《Ethnic Cuisine（民族風味餐）》一書中的〈風味的原理（Flavor Principles）〉亦提到橄欖油可和各種香草及香料混合創造出不同的風味。

有趣的是，在〈風味的原理〉當中作者認爲每個國家的菜肴特色及獨特性皆是由幾個風味元素所組成的。交織在一起的風味組合正代表了該飲食文化圈的象徵價值以及文化標誌。

例如，「魚醬×檸檬」的混合香味是越南菜特有的風味。「大蒜×孜然×薄荷」是北非菜特有的風味。而順帶一提，「醬油×日本酒×糖」是日本料理獨特風味的來源。

〈風味的原理〉中提到橄欖油肩負創造歐洲複數飲食文化圈風味的重責大任。下面總結了這些飲食文化圈——希臘、義大利、法國和西班牙——的特徵。對於生活在橄欖油生產大國的人來說，這種植物油可說是烹飪時不可或缺的家鄉味吧。

伊莉莎白．羅金〈風味的原理（Flavor Principles）〉～少不了橄欖油的飲食文化圈～

風味組合	飲食文化圈
橄欖油×大蒜×（巴西利 或／和 鯷魚）	南義料理 南法料理
橄欖油×大蒜×羅勒	義式料理 法國料理
橄欖油×百里香×迷迭香×馬鬱蘭×鼠尾草	普羅旺斯料理
橄欖油×大蒜×堅果	西班牙料理
橄欖油×洋蔥×胡椒×番茄	西班牙料理
橄欖油×檸檬×奧勒岡	希臘料理

橄欖油的風味可謂是構成上述飲食文化圈之特色及獨特性的關鍵要素。

Q 為什麼油很好吃？

油不僅可加強滋味，也是人類生理上需要的一種高熱量材料。

含有大量油脂的種子和水果也是我們老祖先的寶貴營養來源。自古以來，透過壓榨胡桃、杏仁、南瓜籽、橄欖和酪梨等果實所取得的植物油，都被視爲寶貴的高熱量（kcal／卡路里）食材。

〈感受油脂的受體〉

雖說在菜餚中加入油脂可增添味道，但實際上純脂肪是無味無臭的。到目前爲止，人們一直認爲，口內的味覺只會將油脂當作一種質地來感受。然而近年來發現，雖說油脂是無味的，在人的口中卻有受體可以感覺到油脂的存在。

仔細想想，若人類的「生理需求」與感覺美味的方式有關，那麼從生物的觀點來看，對高熱量材料特別敏感應該也是理所當然的吧。

〈油脂「上癮」〉

此外，有報告指出，油脂「有使人和動物上癮的魅力」，對於正在節食的人來說，這可是個令人傷透腦筋的大問題。據說動物一旦學會了攝取油脂，便會逐漸被強烈的攝食慾望所困。這種「想攝取更多」的反應並非源自於生理需求，而更接近一種執著，確實是有點可怕呢。

油脂對人有著莫大吸引力，烹調時必須酌量運用，避免攝取過量。

Q 如何選擇植物油，要看那些重點？

首先要檢查「脂肪酸」的類型。同時也要看一下所含有的微量成分，如維生素和香氣分子等。

橄欖油、芝麻油和葵花油……市面上可找到各式各樣的植物油，究竟該如何挑擇呢？每一種油的差別在哪裡？在開始烹飪之前，記得先確認一下。

〈脂肪酸的類型〉

第一個檢查重點是脂肪酸的類型。多數植物油由「三酸甘油酯」的分子所組成。三酸甘油酯是「甘油分子」和「三個脂肪酸分子」的組合。共通的甘油分子只有一種，但脂肪酸種類相當繁多。因此，爲了探究每種植物油的性質，最好的方式便是看其脂肪酸的類型。不同種類的脂肪酸在體內的功能各異，加熱時易氧化的程度也不同。

〈香氣分子等微量成分〉

第二個檢查重點是植物油中所含的微量成分之間的差異。香氣分子、色素以及維生素等微量成分決定了每種植物油的香氣和顏色等特徵。微量元素在入菜時不僅具有營養學上的價值，還提供了色澤和香氣。因此烹調時必須掌握每種植物油的特性善加運用。

Q 有不容易產生氧化臭味的植物油嗎？

嘗試選擇富含單價「脂肪酸」的植物油。

使用植物油時，需要注意氧化和氣味變化的問題。油經過長時間儲存和加熱烹調會逐漸氧化，產生獨特的臭味。氧化的油不僅會減損菜餚的風味，還會對健康產生不利影響，因此要小心。爲了防止氧化，請在購買後將油品置於陰涼處，且要儘早用完。

此外，選擇植物油時，也必須知道如何區分使用易氧化和不易氧化的油。爲了理解植物油的氧化原理，讓我們進一步看看油脂的組成成分吧。

〈油脂結構〉

植物油是由「甘油」加上三個「脂肪酸」結合而成的三酸甘油酯分子所構成甘油。因此只要從脂肪酸的類型就可看出油品容易氧化的程度。脂肪酸的類型請見（表 1）。

脂肪酸分爲飽和脂肪酸和不飽和脂肪酸（單價、二價、三價）兩種。其差別爲分子中「雙鍵」的數量。脂肪酸分子的形狀是由碳原子（C）結合而成的長鏈狀分子，但當碳和碳的結合部分呈「雙鍵」時，該部分較容易與氧結合。

雙鍵數量爲零的脂肪酸就是飽和脂肪酸。這是一種穩定的脂肪酸，不易氧化。若只有一個雙鍵即爲單元不飽和脂肪酸（註）。如果雙鍵有兩個，則是二價不飽和脂肪酸，價數越高的脂肪酸就越容易氧化。

然而，在植物油家族當中，含有大量飽和脂肪酸的油相當少見。因此，當要選擇較難氧化的植物油時，較實際的做法是選擇含有大量單元不飽和脂肪酸的油品（此外，椰子油雖然是植物油，但它含有大量飽和脂肪酸）。

含有較多單元不飽和脂肪酸如油酸和棕櫚油酸的植物油包括橄欖油和山茶油等，它們是植物油中，相較起來較不易氧化，用於加熱烹調亦很方便的油品。

註：單元不飽和脂肪酸即一價不飽和脂肪酸，二價以上的不飽和脂肪酸則統稱多元不飽和脂肪酸。

〈必需脂肪酸和氧化〉

此外，二價不飽和脂肪酸有亞麻油酸（LA），三價不飽和脂肪酸有次亞麻油酸（ALA）。這些脂肪酸和單價的脂肪酸比起來較容易氧化。例如，葵花油含有大量的亞麻油酸（LA），而荏胡麻籽油含有大量的次亞麻油酸（ALA），因此最好盡量使用低溫烹調，並儘早用完。

然而，由於這些脂肪酸是人體無法生成的脂肪酸，因此必須從食物中攝取所需的量。這些脂肪酸在營養學裡叫做「必需脂肪酸」。

表 1　植物性油脂中所含脂肪酸之例

飽和脂肪酸	單元不飽和脂肪酸	二價不飽和脂肪酸	三價不飽和脂肪酸
辛酸 棕櫚酸 硬脂酸	油酸 棕櫚油酸	亞麻油酸（LA）	次亞麻油酸（ALA） γ 次亞麻油酸（GLA）

從植物油所含的脂肪酸種類便可得知各種植物油的特性。飽和脂肪酸以及單元不飽和脂肪酸較不容易氧化。

運用橄欖油

植物油是地中海地區飲食文化中不可或缺的元素。其香氣特徵因產地而異。

橄欖樹是木樨科的植物，有著6000年的栽種歷史。最古老描述利用榨油機從果實中榨油的紀錄，可以追溯到西元前2500年的埃及。自古以來，除了食用，還可藥用、拿來製作化妝品、用於儀式以及做爲燃料等，運用方式相當廣泛。

橄欖油的油酸含量豐富（約75%），並含有葉綠素，是呈黃綠色至淺綠色的油品。產地主要來自西班牙、希臘和義大利等地中海沿岸國家，其香氣特徵因產地而異。用之前可先試飲，選擇和食材搭配度較高的橄欖油使用。國際橄欖協會按照酸度等標準針對橄欖油的品質進行了嚴格的分類，並且會依照「Fruity（果實成熟度）」、「Bitter（苦味）」以及「Pungent（辛辣度）」的指標去評價油的風味。

〈香氣搭配〉

試著結合象徵地中海沿岸和法國南部普羅旺斯兩種香味：橄欖油和薰衣草。另外，優質橄欖油的揮發成分當中還包含了一些「青草香氣」（⇒見P37），和茶的清新香氣非常對味。

Recipie 1

南法風薰衣草橄欖油

材料／橄欖油250ml、薰衣草5～10支

做法／將薰衣草連花帶莖放入瓶中倒入橄欖油，置於陰涼處約兩週左右即成。適合搭配小羔羊等肉類料理。

※要注意若薰衣草未整株浸泡至油中可能會發霉。

Recipie 2

抹茶橄欖油醬汁

材料／橄欖油2大匙、抹茶粉3小匙、檸檬汁4小匙、鹽適量

做法／在食物處理機中加入橄欖油、抹茶粉和檸檬汁打勻後加鹽調味即成。適合搭配海鮮料理如嫩煎魚排等。

利用「橄欖油」帶出香氣的食譜

煎小羔羊排

材料（2人份）

小羔羊里肌肉（帶骨）……4支
鹽……1小匙
黑胡椒……少許
橄欖油　2大匙
雞高湯……300ml
鹽……適量
玉米……1／2根（水煮後烤過，再用菜刀切下）
伏見辣椒……2根（烤過）
薰衣草油（見前述）……適量

馬鈴薯泥的材料

馬鈴薯……240g（去皮切成一口大小）
牛奶……200ml
奶油……15g
鹽……適量

做法

1. 製作馬鈴薯泥。馬鈴薯用鹽水煮好後倒掉熱水，加入牛奶和奶油煮至沸騰。倒入食物調理機打碎後加鹽調味。
2. 橄欖油倒入平底鍋，於羊肉上撒鹽和胡椒，將帶油花的那面朝下放入平底鍋中加熱。一邊煎一邊舀起鍋中熱熱的橄欖油以繞圈方式淋上羊肉。將羊肉放至烤網上蓋上鋁箔紙。
3. 製作醬汁。將平底鍋中的油倒掉加入雞高湯，煮至濃稠後加鹽調味。
4. 將2的羊肉切半盛盤。將馬鈴薯泥、玉米、伏見辣椒、醬汁依序盛盤，最後再淋上薰衣草油。

為了保留羊肉本身的鮮味，只做簡單的烹調。
最後淋上清香的薰衣草油為料理畫龍點睛。

酪梨油

樟科的常綠喬木酪梨是拉丁美洲自古以來就廣爲使用的植物。根據考古結果顯示，阿茲提克人早在西元前 7800 年就有種植酪梨的紀錄，15 世紀時西班牙人將酪梨引入歐洲，因其果實的脂肪和蛋白質含量豐富，被稱爲「森林的奶油」。

墨西哥、多明尼加和秘魯等中南美洲國家生產了大量自果肉榨取的酪梨油。有些紐西蘭產的酪梨油亦相當優質。

酪梨油是透過冷壓果肉製成，含有大量的油酸（約 70%）。此外，它以富含維生素 E 和維生素 A 而聞名。在烹調時使用酪梨油能帶出脂肪含量較低食材的滋味，例如野生動物的肉。

＜香氣搭配＞

酪梨的故鄉中美洲墨西哥也產萊姆。在醇厚的酪梨油中加入適量的萊姆，可收畫龍點睛之效。此外，酪梨油與香菜的香氣特質也相當地搭。

Recipie 1

萊姆酪梨油

材料／酪梨油250ml、萊姆1顆

做法／將酪梨切成八瓣放入瓶中，倒入酪梨油浸漬約兩週後取出萊姆即成。★可加鹽調味後搭配切片番茄食用。

Recipie 2

香菜酪梨油

材料／酪梨油250ml、整株香菜2根、大蒜1片、辣椒3～4根

做法／香菜切成1cm大小，和大蒜、辣椒放入酪梨油中浸泡，隔天即可使用。★可混合檸檬汁淋在海鮮或蔬菜沙拉上。

夏威夷堅果油

山龍眼科的常綠喬木夏威夷果原產於澳洲昆士蘭州南部和新南威爾士州北部。當地原住民將這種樹的堅果（核果）視爲寶貴的食物，用於餽贈與部落間的交易。19 世紀中葉被歐洲人發現後於 19 世紀後期被引入夏威夷當作甘蔗的防風林。現今主要產地位於澳洲和夏威夷。

自夏威夷堅果取得的油主要含有的脂肪酸爲油酸（約 60%），亦含有約 20% 的棕櫚油酸，棕櫚油酸是一種單元不飽和脂肪酸，常見於人類皮脂成分中。味道很清淡，未精製過的夏威夷堅果帶有柔和的甜美香氣。

＜香氣搭配＞

檸檬香桃木和夏威夷果一樣原產於澳洲，是一種帶有檸檬芬芳的香草植物。此外，自古便為澳洲原住民所食用的澳洲金合歡樹籽是帶有咖啡及巧克力般香氣的香料。這兩種材料都和夏威夷堅果油所具有的柔和甜美香氣十分地搭。

Recipie 1

檸檬香桃木夏威夷堅果油

材料／夏威夷堅果油100ml、乾燥檸檬香桃木1大匙

做法／將檸檬香桃木放入瓶中倒入夏威夷堅果油置於陰暗處約一週即成。★可用來醃漬肉類或魚類。

Recipie 2

澳洲金合歡樹籽夏威夷堅果油

材料／夏威夷堅果油100ml、澳洲金合歡樹籽5g

做法／將澳洲金合歡樹籽放入瓶中，倒入夏威夷堅果油置於陰暗處約一週即成。★可用來搭配司康或製作甜點。

芝麻油

脂麻科的一年生草本植物芝麻的種植紀錄始於西元前3000年前的非洲大草原農業文化。其種子被四大古代文明當成珍貴的食物，並傳播到世界各地。目前的主要生產國是緬甸、中國和印度、非洲諸國。

從芝麻籽中獲得的油有兩種類型，市面上可買到「白芝麻油」（種子乾燥後不經煎烤直接榨成油。幾乎呈無色透明，香氣較淡）以及「黑芝麻油」（種子經煎烤後榨油。油色呈褐色，帶有焦香的氣味）兩種芝麻油，可根據用途去選擇。

生的芝麻籽本身的香氣很微弱，通過煎烤可產生獨特的香氣。芝麻油當中含有大量且比例均衡的亞麻油酸以及油酸，具有抗氧化的成分，保存性相當優異。

＜香氣搭配＞

將香氣徹底溶入芝麻油中的蔥油能廣泛運用在炒菜、涼拌、淋醬等各項用途上。

Recipie 1

蔥油

材料／白芝麻油200ml、大蔥1支、生薑1片

做法／大蔥切成1cm長段，生薑切片後放入鍋中，倒入芝麻油維持130～150℃加熱，炸20分鐘直到大蔥呈金黃色為止。冷卻後過濾移到保存用瓶子中即成。

用芝麻油漱口增進味覺

印度的傳統醫學阿育吠陀中，為了維持口腔健康以及增進味覺，建議每天都要使用白芝麻油漱口。含入約口腔2／3滿的白芝麻油，持續發出聲音漱口15分鐘。漱完後再用熱水洗淨口腔。

南瓜籽油

葫蘆科植物南瓜原產於美洲，有著8000多年的栽種歷史。現在在世界各地廣爲栽植，不僅可食用果肉部分，還可食用富含維生素和礦物質的種子。

自夏南瓜種籽榨出的深綠色南瓜籽油帶有濃郁的甘甜香氣。由於它含有大量多元不飽和脂肪酸亞麻油酸和次亞麻油酸，因此很容易氧化，開封後需冷藏，並儘快用完。適合不要加熱直接加入湯中或淋在沙拉上。

南瓜籽油在歐洲十分受到歡迎，其著名產地爲奧地利的史泰爾馬克邦。

＜香氣搭配＞

南瓜籽油色澤較深，味道濃郁且帶有甘甜香氣，可直接淋在冰淇淋等甜點上。南瓜籽油和巴沙米可醋也相當搭。

Recipie 1

肉桂南瓜籽油

材料／南瓜籽油100ml、肉桂棒1支

做法／將肉桂棒放入瓶中倒入南瓜籽油置於陰暗處約兩週後取出肉桂棒即成。★可搭配冰淇淋或和蜂蜜一起淋上優格。

Recipie 2

黑胡椒南瓜籽油

材料／南瓜籽油100ml、黑胡椒5～10粒

做法／將黑胡椒放入瓶中倒入南瓜籽油置於陰暗處約兩週後取出黑胡椒粒即成。★可混合巴沙米可醋和鹽製成淋醬。

運用山茶油

從山茶籽中榨取的日本產油品。不易氧化，最適合當作炸油使用。

山茶科的常綠喬木日本山茶原產於日本，從本州到四國、九州皆可見到其蹤跡，在彌生時代中期的遺址中亦出土了山茶果實的果核。在平安時代早期，九州和山陰地區用山茶油向中央納稅，但並未發現此時期做爲烹調用油的紀錄。當時山茶油似乎僅用於照明、防鏽以及頭髮護理。

到了江戶時代，在貝原益軒的《大和本草》中可看到「好事之徒從山茶樹的果實中取油並拿來煎各種食物吃」的記載。隨著油炸食品逐漸多樣化，江戶時代後期開始流行天婦羅。據說，用山茶油所榨出的天婦羅非常珍貴，被稱爲「黃金天婦羅」。壓榨山茶籽所獲得的油含有85%以上的油酸，不易氧化，是植物油當中相當適合加熱烹調的油品。

<香氣搭配>

伊豆群島的利島據說是全日本最大的山茶油產地，因此我們可搭配當地食材明日葉的香氣一起使用。明日葉是繖形科的香草植物，分布於伊豆七島至紀伊半島，其特色是含有查耳酮及香豆素類物質，具有各式各樣活化生理機能的功效。

Recipie 1

明日葉×山茶油

材料／山茶油100ml、明日葉30g、大蒜1瓣

做法／明日葉和大蒜切碎後放入瓶中倒入山茶油，置於陰涼處數天即成。★可混合醋和鹽做成淋醬。

五島列島的「堅石」

長崎縣五島列島亦是著名的山茶油產地。當地稱山茶果實為「堅石（KATASHI）」，據說在喜慶的日子裡會用山茶油炸出大量天婦羅或油豆腐。此外在製作「五島手拉烏龍麵」延展麵條時，也一定會加入山茶油。

利用「山茶油」帶出香氣的食譜

法式炸蝦

材料（4人份）

整尾蝦子……12隻
鹽……少許
低筋麵粉……適量

麵衣材料

低筋麵粉……50g
啤酒……50ml
蛋……1顆
鹽……1／3小匙

山茶油……適量

做法

1. 去除蝦子背腸後去頭，除了蝦尾外全部去殼，用竹籤串好。
2. 將蛋打勻，再加入其他的麵衣材料稍微攪拌一下。
3. 在蝦子上灑鹽再沾上低筋麵粉，裹上麵衣用180°C去油炸。蝦頭素炸後灑鹽。

用大量山茶油炸出的天婦羅金黃酥脆風味超群，是名副其實的「黃金天婦羅」。
山茶油炸的天婦羅不容易氧化，可品嘗細膩的香氣。

3. 香氣萃取方式

酒 × 香氣

人們利用當地易取得的水果、蜂蜜及穀物做為釀酒原料。釀造酒活用了原料的香氣，豐富了飲食文化。此外，人類還持續精進蒸餾技術，製作出了酒精濃度更高的烈酒。

酒精具有溶解香氣分子的特性，因此人們會將香草植物和水果浸泡在酒中，將香氣轉移到酒裡再飲用。許多香氣分子具有促進健康的功能，因此酒類自古以來也經常做為藥用以及用來製作香水和化妝品。

本章將介紹如何運用酒精來打造出香氣四溢的餐桌。

體驗主題

香氣易溶於酒

感受蒸餾酒萃取的「薄荷香氣」

準備材料

可密閉的瓶子
伏特加 100ml
新鮮薄荷 2～3支
＊辣薄荷或綠薄荷等

步驟

1. 將薄荷塞至瓶中。
2. 倒入伏特加100ml（要完全蓋過薄荷）。
3. 放置3～4週後取出薄荷。

可觀察到薄荷的清涼香氣已經完全轉移至伏特加中。
酒精濃度高的酒類具有易溶解香草植物及香料中所含有的香氣分子的特性。

伏特加的酒精濃度高達45度，請小心使用。

＊利用蒸餾酒浸泡香草植物去增添香氣製作酒，在稅法會上被認定是酒的製造。個人在家製造自用用途雖不受此限，但請注意不可販售。（註）

註：台灣之相關規定請參照菸酒管理法。

Q 能將香草的香氣、功效轉移至酒精中嗎？

酒精做為溶解香氣分子的材料受到了廣泛的使用。

〈香氣分子的功能〉

當研究植物所含有的「香氣分子」時，我們發現它們不僅芳香，還具有各種功能，有助於促進健康。長久以來，人類便將這些具有功效的植物當作藥物一樣使用。

有些廚房裡常用的香草植物也具有這些功效。例如，可用於海鮮的百里香當中含有香氣分子百里酚和香芹酚，而這些成分已被證實具有優異的抗氧化性。

〈將香氣分子溶解在酒精中〉

人們一旦發現了植物的香氣分子和有效成分具有溶於酒精的特性，便開始在酒精中浸泡有用的香草植物、香料、花以及水果，將成分釋出到酒精中製成嗜好食品（註）或者藥酒，並大受歡迎。西方藥酒的歷史可以追溯到古希臘醫學之父希波克拉底。

〈修道院文化和藥酒〉

釀造藥酒亦是中世紀歐洲的修道院文化的一部分，當時奠立的一些傳統甚至流傳至今。

例如，從 1500 年代開始於法國諾曼地的費康聖本篤修道院所製作的「班尼狄克丁香甜酒（Bénédictine）」，以蒸餾酒爲基底，於製造過程中加入 27 種香草植物（百里香、神香草、檸檬香蜂草等脣形科香草植物；肉桂、豆蔻皮、肉荳蔻、香草等香料；檸檬皮等），在當時被認爲是延年益壽的靈藥。此外，法國修道院所製造的傳統藥酒「夏翠絲香甜酒（Chartreuse）」據推測使用了 130 種藥草，至今配方仍是個秘密。

而提到 19 世紀下半葉在法國廣受歡迎的浸泡酒，則非苦艾酒莫屬。以苦艾爲中心所構成的風味和色澤也讓梵谷、羅特列克和畢卡索等藝術家深深受其吸引。然而，由於苦艾酒成分中的「側柏酮」對人體的神經系統具有毒性，在邁入 20 世紀時，遭到許多國家禁止。後來禁令解除，人氣也慢慢恢復當中。

註：嗜好食品，在日本泛指非維生必須、不以攝取營養為目的的食品，廣義包含嗜好性飲品如茶、酒、咖啡等。

〈日本的藥酒〉

在日本各地都可找到在蒸餾酒中浸泡香草植物以活用香氣和藥用價值的傳統。德川家康對促進健康以及長壽抱持著濃厚的興趣，據說他很喜歡用忍冬浸泡出帶有甜美香氣的「忍冬酒」。順帶一提，忍冬有解熱和利尿的功能。

〈儲存在酒精中的香氣分子〉

如上所述，從植物原型中分離出來的香氣分子可長期儲存在酒精液體中。轉化成液體型態後可應用於如烹調、飲料、藥用和化妝品等各種用途，也可和其他物質混合使用。酒類不僅本身是一種香氣四溢的飲料和調味品，更是可移轉珍貴植物香氣及功能的「溶劑」。

香甜利口酒的語源來自拉丁語的「Liquefacere（溶解）」，顯示了酒精做爲溶劑的功能。

Q 人類從什麼時候開始享受酒的香氣？

大概從史前時代就開始了吧。
酒精發酵推測應是自然發生的。

含有酒精的飲料稱爲酒*，是由酵母等微生物接觸到糖後因「酒精發酵」而產生的產物。因此可推測人類從史前時代便接觸過酒精了。

以葡萄酒爲例。假設我們遠古的祖先爲了食用將葡萄儲藏起來。葡萄果皮上有酵母，因此若葡萄不小心被壓碎並放置了一段時間，就算不是人工刻意爲之，也會導致「發酵」，因此這非常有可能是葡萄酒最初的原型。而我們的祖先應該就是這樣察覺到因發酵而產生的液體嚐起來有著不尋常的香氣和味道，以及喝下後伴隨而來的神祕興奮感的吧。

現在，葡萄種植和釀造技術的探索歷史經過積年累月的累積早已不可同日而語，現在全世界都能品嘗到精緻程度遠遠超越當時的葡萄酒。當然，除了葡萄之外，世界各地也活用了各種日常生活中熟悉的水果和蜂蜜等含糖的原料去釀酒。此外，將穀物（如小麥和米）中的澱粉糖化去發酵酒精的技術也日臻進步。

而酒精不僅可當作飲料飲用，其功能和香氣也可用於烹飪。

＊根據日本酒稅法，含有1%以上酒精的飲料就屬於「酒類」。

Q 酒當中的「酒精」有助於烹飪嗎？

酒精擁有減少腥臭味及轉移香草植物的氣味等功能，用途相當多元。

酒類中共通的成分「乙醇」是什麼樣的物質呢？

乙醇（C2H6O）也稱爲酒精。它很容易溶於油脂，也很易溶於水。酒之所以被稱爲「酒精飲料」，是因爲它含有乙醇，一般而言，啤酒中約含有5%，葡萄酒約13%，而日本酒則是15 % 左右。乙醇本身是一種具有獨特氣味的物質，但乙醇其他的功能有助於在烹調過程中改善及增進成品的香氣。乙醇與菜餚的香氣和風味相關的性質如右所示。

① 抑制微生物的繁殖
…… 提高食物的保鮮性。
⇒ 防止魚產生腥臭味和腐爛臭味。

② 能形成共沸物
…… 蒸發時其他氣味也會一併蒸發
⇒ 加熱烹調時加點酒可減弱魚的腥臭味。

③ 容易溶解香氣成分
…… 可溶解親水性和親脂性香氣成分。
⇒ 若於酒精中浸泡香草植物和香料，可以將香氣自材料轉移至酒精。

④ 藉由醋酸菌醋化
…… 可藉著醋酸菌的作用轉化成醋酸。
⇒ 請務必留意保存方式和保存期間。

Q 酒的香氣是如何形成的？

酒的香氣是由原料的香氣、發酵時的香氣以及熟成時的香氣混合而成的。

雖然全部的酒類都有著乙醇這個共通點，但看了世界各地的名酒後，便會發現酒是相當多樣化的飲料。酒的味道和香氣究竟是如何形成的呢？

〈酒味的來源〉

除了乙醇之外，每種酒還含有許多其他成分，包括糖類，各種有機酸和胺基酸，而各種成分及其所含比率便是酒類酸味、甜味和鮮味的來源。

此外，發酵所產生的高級醇及其他的微量香氣分子（如酯類）也很重要。在《酒的科學》一書中，作者之一石川雄章說：「每種酒都有自己獨特的香味，所謂喝酒除了享受微醺的快感外，也是爲了要品嘗其特別的香氣。因此，如何拆解獨具魅力的酒香背後的化學原理，正是研究酒的科學的終極夢想。」目前在啤酒中已找到620種以上的香氣成分，葡萄酒超過840種，威士忌也有330種以上。香氣馥郁的蒸餾酒如白蘭地和蘭姆酒不僅可當作飲料，還可運用於像焰燒（Flambé，用火燒掉酒精成分，只留下所需的香氣）這種烹調手法上。焰燒的例子也顯示酒精的功能不僅止於去除和蓋過腥臭味，還可做爲刻意要添加優良香氣的一種調味料。

〈酒香的來源〉

酒的複雜香氣是如何產生的呢？ 香氣分子的來源大致分爲以下三種：

① 來自於原料的香氣
② （因微生物的作用）於發酵過程中產生的香氣
③ 熟成和儲存時產生的香氣

在釀酒時，爲了最後完成的酒香和風味，首先必須要審慎選擇原料，再來要調整微生物活動的所需條件，最後在熟成和儲存時還必須格外小心。

然而，不同類型的酒，對香味整體完成度影響最大的因素亦有所不同。以葡萄酒爲例，有一派理論認爲，決定葡萄酒品質的因素當中80%來自原料。而葡萄酒的香氣也會大大受到不同葡萄品種和產地的特色所左右（關於不同葡萄品種的白葡萄酒的香氣成分差異，請參閱表1）。

另一方面，日本酒則是在發酵階段產生的香氣分子會對成品的整體香氣印象有著顯著影響。

表1 不同葡萄品種的白葡萄酒的香氣成分比較

葡萄品種	葡萄酒的特殊香氣成分
格烏茲塔明那（Gewürztraminer）	辛酸乙酯、左旋玫瑰醚、丁酸乙酯、己酸乙酯、β - 大馬士革酮、乙酸異戊酯、葡萄酒內酯
麗絲玲	2- 乙烯基 -2- 四氫呋喃 -5- 酮、2- 甲基巰基乙醇、己酸乙酯、丁酸乙酯、2- 甲基丁酸乙酯、β - 大馬士革酮、乙酸異戊酯、芳樟醇、2- 苯乙醇
夏多內	β - 大馬士革酮、2- 苯基乙醇、2- 甲基巰基乙醇、4- 乙烯基癒創木酚、香草醛、丁二酮、肉桂酸乙酯、己酸乙酯、丁酸乙酯、2- 甲基丁酸乙酯

白葡萄酒的香氣會因原料葡萄品種的不同而大相逕庭。
出處：引用自井上重治的《微生物與香氣》，由筆者製表

Q 何謂「蒸餾」？

製造蒸餾酒和香料時所運用的原理就是利用沸點的差異去分離成分。

釀造酒如葡萄酒和啤酒有著豐富的香氣和味道，但我們的祖先發現了酒精的功能，因此找出了提高酒精濃度的造酒方法——那就是將釀造酒蒸餾後所製造的「蒸餾酒（烈酒）」。

蒸餾原理自西元前就已為人所知，在希臘化時代的煉金術中亦有加以運用。而之後將此技術及應用方法進一步發揚光大的則是中世紀的伊斯蘭世界。

〈蒸餾原理〉

蒸餾是透過加熱液體混合物並將過程中產生的蒸氣冷卻使其恢復成液體，利用沸點的差異來分離成分的手法。

例如，當加熱釀造酒時，沸點低於水的大多數乙醇和香氣分子會先變成氣體。收集和冷卻這些氣體後便可獲得較原釀造酒更高濃度的乙醇和香氣成分。

利用這項原理，便可以萃取出酒精濃度更高、保存性更佳、香氣更濃郁的液體。白蘭地、威士忌和燒酒等烈酒便是利用這一原理製造出來的酒類。

〈蒸餾所獲得的「香氣」〉

蒸餾技術不僅止於製造酒類。最古老的蒸餾目的似乎是從植物中獲得香氣。

自美索不達米亞（葛瓦拉丘[12]遺址）地區所發掘出推測為西元前3500年的蒸餾器，學者認為其目的為從植物中收集香氣分子和香料。此外，在塞普勒斯島也發現了許多2000年前的蒸餾器、桶、漏斗以及香水瓶，因此推測該地是一個古老的「香水工廠」。植物中所含有的各種芳香物質具揮發性，經過加熱便可從植物中分離出來。利用蒸餾的概念，人們從植物中萃取出了寶貴的「香氣來源」。即使到了今天也依然使用這種方法萃取許多花、香草植物和樹木的芳香物質。

本章第4節「水×香（⇒見P86）」中亦有針對使用蒸餾原理萃取香氣的詳細介紹。

column

蘇格蘭威士忌怎麼喝比較美味？純飲還是兌水？

2017年，瑞典的一個研究小組公布了一份報告*，若希望享受自酒杯散發出的「香氣」，那麼「加入少量的水會比純飲更能突顯出蘇格蘭威士忌特有的煙燻香」。

在酒當中，「水」和「乙醇」處於混合在一起的狀態。研究小組針對混合物當中的煙燻香（香氣分子：癒創木酚）的流動方式進行了調查，只要加入一點水，稀釋酒精的濃度，煙燻香便會聚集在液體表面附近，因此會更容易散發出香氣。

*《Dilution of whisky – the molecular perspective》
Björn C. G. Karlsson & Ran Friedman
自然-科學報導期刊（Nature-Scientific Reports）
（2017）

12 *Tepe Gawra*，高拉丘。

運用葡萄酒

釀造酒的歷史悠久，不同原料葡萄的品種和產地能創造出廣泛多元的香氣。

葡萄酒是用葡萄科落葉灌木藤蔓植物的果實爲原料所釀造。就連吉爾伽美什史詩當中也有關於葡萄酒的描述，推測幾千年前從西亞到地中海東部都曾大量釀造。而西元前 5 ～ 6 世紀的希臘早有將葡萄酒當作烹飪調味料的習慣。在羅馬帝國時期會將葡萄酒加入魚醬（garum）稀釋做成調味料。在中世紀時，葡萄酒已被廣泛運用於各種料理上，譬如葡萄酒燉烤魚、炒肉和洋蔥等。

紅酒和白酒是最常見的葡萄酒，屬於靜態酒（Still wine）。紅白酒的香氣會因葡萄品種、產地、生長條件、釀造過程和保存方法而異，種類相當多元。其他種類的葡萄酒還包括經二次發酵產生二氧化碳的氣泡酒（Sparkling wine）。

＜香氣搭配＞

德國的熱紅酒（香料酒，Glühwein）利用紅酒來帶出香料的香氣和功能。

此外，我們可以利用紅酒調成的醃漬液去醃漬肉類，不僅能藉著紅酒的單寧去軟化肉質，抑制腥臭味，還可以在裡面加入香草植物增添風味。

Recipie 1

熱香料紅酒

材料／紅酒200ml、水100ml、肉桂棒1支、丁香2～3粒、柑橘類果皮1片、砂糖適量

做法／將材料放入鍋中加熱，注意不要煮到沸騰。趁溫熱時飲用。

Recipie 2

紅酒香草醃漬液

材料／紅酒180ml、各式香草（迷迭香、百里香、鼠尾草、杜松子、丁香、大蒜、洋蔥、紅蘿蔔、西芹等）

做法／將香草浸泡於紅酒中靜置數小時。將鹿肉或牛肉用醃漬液醃過再去煎烤。

利用「紅酒」帶出香氣的食譜

紅酒漬烤鹿肉

材料（4人份）

鹿里肌肉（整塊）……1kg
（去除油脂、筋及碎肉後淨重約550g～600g）
鹽……1小匙
黑胡椒……少許
奶油……5g
日本長蔥……4支
（灑鹽再用橄欖油烤過）

醃漬液材料

紅酒……200ml
百里香……4支
杜松子……12顆
丁香……1個
月桂葉……1片
大蒜……1瓣（去皮切半）
洋蔥……1／2顆（切成邊長2cm正方形小塊）
紅蘿蔔……1／2根（切成邊長2cm正方形小塊）
西芹……1／3根（切成邊長2cm正方形小塊）

醬汁材料

橄欖油……2大匙
雞高湯……600ml
紅酒……200ml（煮至收乾）
奶油……5g

做法

1. 混合醃漬液的所有材料。放入鹿肉塊以及切下的筋和碎肉，醃漬半天到一晚。將鹿肉自醃漬液中取出，分成鹿肉塊以及其他部份（筋、碎肉、剩下的醃漬液、香草植物、香料）。
2. 於鹿肉塊上灑上鹽和黑胡椒。將奶油放入平底鍋中，放入鹿肉，滾動鹿肉每一面都要煎到。煎好後放到烤網上，蓋上鋁箔紙。
3. 製作醬汁。將橄欖油倒入平底鍋中，加入**1**剩下的筋、碎肉和醃漬液裡面的香味蔬菜去炒。於剩下的醃漬液中加入香草植物、香料及雞高湯，用中火煮約20分鐘後用篩網過濾，再煮至收乾呈濃稠狀。加入紅酒，用鹽和黑胡椒（未記載於食譜中）調味，再溶入奶油。
4. 鹿肉切塊，灑上鹽和黑胡椒（未記載於食譜中）調味，和大蔥一起盛盤。再淋上**3**的醬汁。

利用紅酒充分吸收香草植物以及香味蔬菜的香氣。
這個醃漬液能帶出鹿肉的野性風味。

白蘭地

白蘭地是經過發酵水果、蒸餾和熟成步驟所製成的蒸餾酒。其中又以使用白葡萄爲原料發酵的白酒蒸餾後置於橡木桶陳年的葡萄白蘭地最受歡迎，但其他也有如以卡爾瓦多斯（Calvados）爲代表的蘋果白蘭地以及以櫻桃酒（Kirschwasser）爲代表的櫻桃白蘭地。除了飲用外，白蘭地也經常用於製作甜點。

白蘭地的特色香氣成分是來自其原料葡萄當中帶有花香調的「橙花叔醇」和「芳樟醇」，以及在蒸餾過程中所產生的玫瑰般香氣「β - 大馬士革酮」。此外，它還含有桶陳過程中產生的溫和又優雅的香氣「縮醛」，以及源自於酒桶材料的醇厚熟成香氣「橡木桶內酯」等成分，香氣十分豐富。

＜香氣搭配＞

一般認為13世紀的醫生兼煉金術士阿諾德·諾瓦（Arnaldus de Villa Nova）發明了白蘭地。他透過萃取檸檬、玫瑰和橙花等成分來釀造藥酒。而這些植物材料的香氣分子含有許多與白蘭地相同的成分，可以想像應該是一款香氣十分和諧的酒品。

Recipie 1

橙花風味[13]白蘭地

材料／白蘭地180ml、橙花20朵

做法／將所有材料放入瓶中放置二至三日。加入礦泉水稀釋後享受其香氣。可依照個人喜好加入甜味劑。若浸泡數月香氣會益發濃郁。

Recipie 2

香葉天竺葵風味酒

材料／白蘭地180ml、香葉天竺葵葉10～15片

做法／將所有材料放入瓶中放置約一週。加入礦泉水稀釋後享受其香氣。可依照個人喜好加入甜味劑。若浸泡數月香氣會益發濃郁。

威士忌

以大麥和玉米爲原料製成的蒸餾酒。當英國亨利二世在12世紀末入侵愛爾蘭時，愛爾蘭已會用穀物釀造烈酒。此外，在15世紀蘇格蘭財政部的文書中，可看到當地用麥芽製造蒸餾酒（Aqua vitea）的紀錄。

與白蘭地一樣，威士忌必須經過挑選原料、發酵、蒸餾、桶陳等階段才會產生各式各樣的香氣成分。本節僅介紹蘇格蘭威士忌中獨特的煙燻「泥煤香」。所謂的泥煤，就是由植物長年在土壤中堆積而成的「泥炭」。若在乾燥麥芽原料時燃燒泥煤，則其煙燻的香氣就會保留在威士忌成品當中。泥煤香的眞實身分是癒創木酚和甲酚等酚類，其獨特的香氣十分知名。

＜香氣搭配＞

一般來說，酒類當中所含的酚類（煙燻或藥劑香）的氣味會因酒種不同，有時被視為加分的香氣，有時卻被當作扣分的異味。

在製作威士忌風味酒時，咖啡和焙茶與威士忌的煙燻香氣是很好的搭配，可以透過浸漬品嘗到獨樹一格的威士忌香氣與風味。

Recipie 1

咖啡風味威士忌

材料／威士忌180ml、咖啡豆20g

做法／將所有材料放入瓶中放置一至二週後過濾。適合做成調酒。可依照個人喜好加入甜味劑。

Recipie 2

焙茶風味威士忌

材料／威士忌180ml、焙茶20g

做法／將所有材料放入瓶中放置約一至二週後過濾。適合做成調酒。可依照個人喜好加入甜味劑。

燒酒

由米、地瓜、小麥等原料所製成的日本蒸餾酒。有記錄顯示 15 世紀的琉球和對馬，16 世紀的薩摩及肥後地區已經會製造燒酒。稅法上分爲連續式蒸餾燒酒（舊甲類燒酒，酒精含量未滿 36 度）和單式蒸餾燒酒（舊乙類燒酒、酒精含量 45 度以下）兩種，但傳統的製法爲單式蒸餾，直到今日，仍以九州地區爲中心，持續以傳統方式製造活用原料香氣和鮮味的燒酒。相對地，大正初期後才引進的連續式蒸餾法，從原料中萃取的香氣特性較少。

以地瓜爲原料的芋燒酒的特色香氣成分爲芳樟醇及香茅醇（帶點刺激性的玫瑰香氣）、α - 萜品醇、酯類的苯乙酸乙酯和肉桂酸乙酯等。泡盛是沖繩的米燒酒，其特色是使用黑麴菌。經三年以上儲存和熟成，具有甘甜芳香的泡盛稱爲「古酒」，被視爲上等貨。

<香氣搭配>

大家都知道芫荽籽可當作咖哩香料，但其實它本身含有的芳樟醇比例很高，帶有香甜的香草植物調香氣，很適合搭配芋燒酒。此外，含有香草醛（香草般的香氣）的泡盛熟成香和草莓香氣的搭配也很相得益彰。

Recipie 1

芫荽風味燒酒

材料／芋燒酒180ml、芫荽籽（粉末）2小匙、冰糖適量

做法／將所有材料放入瓶中放置約一週。適合做成調酒。

Recipie 2

草莓風味泡盛

材料／泡盛180ml、草莓（小顆）10顆、冰糖適量

做法／將所有材料放入瓶中放置約一週後會呈現粉紅色。飲用時可加入氣泡水等稀釋之。

琴酒

「琴酒」是世界三大烈酒之一。這個名字來自於賦予琴酒特殊香氣的柏科植物果實杜松子。琴酒最初是 1660 年，由荷蘭萊頓大學的西爾威斯教授（Franciscus Sylvius）爲了治療熱病而發明的治療藥物。

也有另一派學說認爲，在此之前就已有修道院僧侶製作杜松子的蒸餾酒。琴酒於 18 世紀的倫敦大爲流行，自 19 世紀中葉以來持續爲美國的調酒文化發展做出貢獻。現在琴酒已成爲調製馬丁尼及其他人氣調酒時不可或缺的基酒。

在 2000 年前後的蘇格蘭誕生了不拘泥於傳統杜松子，廣泛使用香料及香草植物引進各種香氣的全新香味琴酒。自此之來，各國的蒸餾廠都開始實驗性地生產各種琴酒，近年來日本也生產了使用山椒和柚子的原創精釀琴酒。

<香氣搭配>

在蒸餾傳統琴酒時，除了杜松子漿果外，還會加入芫荽籽、柳橙或檸檬果皮、歐白芷的根和肉桂。添加生薑和德島酸橘香氣的搭配應該也不錯。

Recipie 1

薑味琴酒

材料／琴酒180ml、生薑片10～15片

做法／將所有材料放入瓶中放置二至三日。飲用時可加入通寧水等稀釋之。

Recipie 2

德島酸橘風味琴酒

材料／琴酒180ml、德島酸橘5顆

做法／將所有材料放入瓶中放置約兩週。飲用時可加入氣泡水等稀釋之。

13 利用浸漬手法（infuse）製成的風味酒（Infusion）。

運用伏特加

來自俄羅斯和東歐的透明蒸餾酒。
非常適合浸泡帶有細膩香氣的材料。

用大麥、裸麥、小麥、馬鈴薯等爲原料製成的蒸餾酒。在俄羅斯和中東歐飲用的歷史相當長。自 1950 年代以來，伏特加做爲調酒的基酒開始迅速普及。

由於蒸餾後會利用白樺木等活性碳去除雜味和多餘的香氣成分，因此沒有雜味，成品清澈透明。適合用來浸漬香氣細膩的材料製成風味酒。

在歐洲和俄羅斯有販售許多添加了柑橘類或辣椒等辛香料製成各種口味的風味伏特加。例如，波蘭有添加了生長於比亞沃維耶扎森林（Puszcza Bialowieska）中野牛草香氣的野牛草伏特加（ubrówka）。野牛草伏特加含有芳香物質香豆素，帶有櫻餅般的香味，廣受大眾歡迎。

＜香氣搭配＞

若希望保存材料原本的香氣，溶劑可選擇伏特加。山椒籽及新鮮的檸檬葉是初夏的代表性香氣。鹽漬櫻花（P97）不僅可拿來泡成櫻花茶，還可用於調酒，享受其香氣及色調。

Recipie 1

山椒籽檸檬葉風味酒

材料／伏特加180ml、山椒籽20～30粒、檸檬葉5片

做法／將所有材料放入瓶中，放置三日後即可飲用。
＊加入氣泡水或葡萄柚汁稀釋後飲用。可依照個人喜好加入甜味劑。

Recipie 2

櫻花風味酒

材料／伏特加180ml、鹽漬櫻花10朵

做法／鹽漬櫻花用水稍微沖洗後瀝乾。將所有材料放入瓶中，待櫻花展開後第二天即可飲用。適合做成調酒。

利用「伏特加」帶出香氣的食譜

初夏風味調酒

材料（2人份）

山椒籽檸檬葉風味酒（參考上述食譜）……20ml
山椒籽… 3粒（浸泡於基酒製作風味酒用）
通寧水……90ml

做法

1. 於雞尾酒杯中倒入山椒籽檸檬葉風味酒及通寧水。
2. 運用製造風味酒時使用的山椒籽及檸檬葉來裝飾雞尾酒杯。

＊材料要充分冰鎮過。

櫻花和甜酒的調酒

材料（2人份）

櫻花風味酒（參考上述食譜）……20ml
醃漬櫻花……1朵
甜酒……80ml

做法

1. ㄉ將甜酒倒入雞尾酒杯中，再緩緩注入櫻花風味酒。
2.放入用水沖過的鹽漬櫻花，讓櫻花浮在酒面。

融入了山椒籽香氣的
伏特加滋味清爽。

運用櫻花與甜酒的組合，
風味相當日式的調酒。

3. 香氣萃取方式

酢 × 香氣

一直以來，醋都被當作提供人類味覺上「酸味」的調味料。對人體來說，甜味來自於提供身體能量來源的醣類，鹹味則是身體必需的礦物質所嚐起來的味道，這兩種味道都是為了判斷維持生命所需的食物的生理性味覺。相對於甜味和鹹味，酸味則是食物腐爛的徵兆。然而，人們注意到擁有酸味的醋有著各種功能，有助於提高烹飪的安全性和美味。就這個角度而言，酸味對人類來說，或許比較接近文化上的味覺。

本章將以醋為中心來思考食物與香氣。

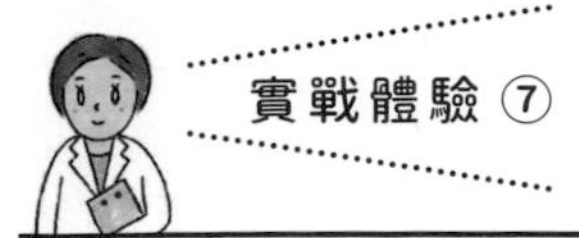

體驗主題

香氣亦會轉移至醋中

製作香料醋拓展食物新可能

葡萄酒醋 250ml

新鮮蒔蘿莖、葉 10cm長×4支

1. 將蒔蘿莖、葉放入密閉瓶中。
2. 倒入常溫的葡萄酒醋（要完全蓋過蒔蘿）。
3. 放置約1週後取出蒔蘿。

可觀察到蒔蘿的香氣已完全轉移至酒醋當中。

★食用醋不僅是帶有味覺上酸味的調味料，還具有防腐作用以及軟化肉的功能，且比起水，香氣更容易溶解於食用醋中。若想要使醋特有的刺激性香氣更加圓融並增添香氣，可加入香草植物或香料去浸泡。大多數的香氣分子都可溶解於食用醋中。

Q 可將香氣轉移至醋中嗎？

醋具有多種功能。為醋增添香氣，進一步擴大其應用範圍。

食用醋具有多種烹調上的功能。

〈醋的功能〉

① 味覺功能（添加酸味）
② 防腐作用（防止微生物繁殖，延長保存期限，避免產生腐臭味）
③ 脫水和軟化作用（使肉變軟）
④ 抑制褐變並發揮固色作用（調理蓮藕及食用土當歸時常用）

我們都知道醋的功能性很高，但就增進香氣和風味的角度來看，它有什麼特點呢？

許多人一想到醋的香氣，第一個反應就是刺鼻的氣味。醋的核心成分「醋酸」帶有刺激性的氣味，而食用醋中含有約 3 ～ 5% 的醋酸。醋酸確實是醋的主要香氣，但除此之外，醋亦富含發酵時所產生的豐富香氣，以及來自原料（穀物和水果等）的香氣。而這也造就了每種食醋不同的特色。用醋入菜時，必須要考慮到醋的香氣和風味與食材之間的適性。

〈添加香氣，使醋更加美味〉

近年來對醋的使用研究顯示，在醋中浸泡香草植物可以抑制酸度或使其更加適合當成嗜好食品，提升醋的運用潛力。

由於食材中所含的香氣分子比起水更容易溶解於醋酸中，醋在添加了其他食材的香氣及風味後，便能進一步拓展其應用範圍。

column

醋的歷史逸聞 盜賊香草醋

歷史上流傳著一個關於醋及香草植物抗菌作用的小故事。18世紀時，法國的馬賽爆發了黑死病，而有個四人竊盜集團是竊取黑死病患者錢財的慣犯，究竟他們是如何預防黑死病感染的呢？

他們被捕時供出其秘訣就是「香草醋」。他們會飲用或用浸泡了如鼠尾草、薄荷、迷迭香和凱莉茴香[14]等香草植物的醋去漱口，外出前也會用鼻子吸入香草醋。

這個故事後來被稱為「盜賊香草醋」代代流傳。雖然關於這個故事有多種說法，關於發生的地區、竊賊人數和香草植物種類有著不同版本，但是運用醋和香草植物類來對付黑死病流行這個共通點是不變的。

Q 醋是從什麼時候開始入菜的？

酒精會自然發酵成醋。起初，醋並不是一種調味料，而是被當作防腐劑和藥物來使用。

〈醋來自酒〉

食用醋及釀造醋的酸味來自於「醋酸」。一般食用醋的醋酸濃度約爲 3 ～ 5%。日文有句話說「醋是酒的兒子」，當釀造酒中所含的酒精成分被醋酸菌發酵並轉化爲醋酸，醋便誕生了。

因此在各個飲食文化圈當中，酒精和醋的原料經常是共通的。醋的製作應可追溯至史前時代，運用生活中的食材如葡萄和蘋果等水果或米和玉米等穀物所製成。

順帶一提，英語中醋（Vineger）的語源來自法語的 Vinaigre，是由「Vin」（葡萄酒）和「aigre」（酸）所組成的字。

一開始，醋與其說是調味料，其做爲防腐劑和藥物的色彩反而更爲濃厚。不僅古希臘醫學之父希波克拉底曾設計了用醋治療外傷和疾病的處方，羅馬博物學家老普林尼也認爲加水稀釋的醋對胃有好處，因此推薦康復中的病人飲用。

〈醋的家族〉

廣義上，不僅醋酸，以檸檬酸爲酸味主體的柑橘類果汁如檸檬、德島酸橘、臭橙等也可當作醋類來使用。熱帶的豆科植物羅望子的果實含有酒石酸，也可用來當作酸味劑。

不利用醋酸而是透過乳酸發酵椰子樹樹汁來製作醋的方式可追溯至古印度。在熱帶及副熱帶地區，由椰子樹汁製成的酒和醋一直受到廣泛使用。

〈法國菜與醋〉

縱觀法國菜的歷史，使用醋（或帶酸味的果汁）的醬汁起源可追溯到中世紀。雖然從 17 世紀開始，醬汁的基底主要會使用油脂，但法式芥末油醋醬汁[15]（醋加入香草植物和芥末及少量的油）以及法式水煮蛋香草美乃滋[16]（用煮熟的蛋、醋和酸黃瓜製成）仍傳承至今。

〈自製醋〉

醋不僅可在市面上購得，也可以在家裡自製。直到不久之前爲止，許多美國家庭主婦都會用蘋果皮和蘋果核釀成蘋果酒，再發酵成蘋果醋。

凡是含糖量高的水果都可用來釀造醋，包括蘋果、柿子及枇杷。東南亞地區也會利用水果製造醋。印尼傳統的醋原料即包括芒果、芭樂和鳳梨等熱帶水果。

若使用水果來製作醋，可利用果實本身就帶有的酵母菌自然去產生酒精發酵，也可以加點酵母促進發酵。此外，醋酸菌是常見的細菌，因此也可能會自然產生醋酸發酵作用，另一種做法則是加入現有的食用醋當作「醋種」去促進發酵。

---

14 葛縷子，又稱藏茴香、羅馬小茴香。

15 avigote sauce，醬汁特色是有酒醋的酸味，近來大多會加第戎芥末，但考慮到第戎芥末並非一般台灣認為的辣味調味料，故此處權譯為芥末油醋醬汁。

16 Sauce gribiche，加入植物油、醋、芥末乳化熟蛋黃，並添加醃黃瓜、酸豆和香草植物等製成的美乃滋醬。

運用葡萄酒醋

多層次的酸味使菜餚更加美味。可分成白酒醋和紅酒醋兩大類，依照食材分別搭配使用。

葡萄酒醋可分成用白酒爲原料經過醋酸發酵、熟成所製成的白酒醋以及用紅酒爲原料製成的紅酒醋，兩者皆繼承了源自葡萄酒原料的芳香物質。與其他的釀造酒相比，紅酒中醋酸以外的有機酸（酒石酸、蘋果酸和檸檬酸）比例較高，酸味亦較複雜多層次。白酒醋適合吃起來味道較清淡的海鮮，蔬菜和水果料理，也很適合拿來醃漬香草植物及花。紅酒醋味道較重，較適合搭配色調較深，味道較澀的肉類料理等菜色。雪利酒醋的原料是西班牙安達盧西亞地區所產的雪利酒。與雪利酒一樣，製造時會逐步添加至不同熟成度的酒桶中，熟成時間最高可長達數十年，成品色澤呈茶色，帶有醇厚的香氣。

<香氣搭配>

文藝復興時期的藝術家兼發明家達文西所留下的手稿涉獵多種領域，當中也有與食物相關的記載。在37歲時的手稿中，有留下醋加上三種香草植物的簡單筆記。

Recipie 1

達文西風味醋

材料／白酒醋250ml、10cm長巴西利2支、10cm長薄荷1支、百里香2支

做法／將所有材料混合浸泡一週，待散發出香氣就可取出香草。調味後可用來做成魚類的醃漬液，或者也可和橄欖油混合做成淋醬等醬汁。

利用「葡萄酒醋」帶出香氣的食譜

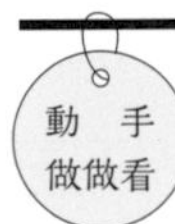

醋醃炸小竹筴魚

材料（四人份）

小竹筴魚……12條（去除稜鱗、魚鰓以及內臟）
鹽、黑胡椒……少許
低筋麵粉……適量
炸油……適量

洋蔥……1／2顆（切成偏厚的薄片）
彩椒（紅、黃）……1／2顆（切成條狀）
西芹……1／3支（切細絲）
紅蘿蔔……1／3根（切細絲）
大蒜……1瓣（切薄片）
橄欖油……1大匙
鹽……10g
砂糖……30g
水……400ml
達文西風味香草醋（見上述食譜）……80ml

做法

1. 將橄欖油倒入平底鍋中，炒軟蔬菜和大蒜。加入鹽、砂糖和水煮至沸騰。放涼後加入達文西風味香草醋。

2. 將小竹筴魚灑上鹽和黑胡椒，裹上低筋麵粉，用170°C炸至呈褐色為止。趁炸魚還熱騰騰時以繞圈方式淋上**1**的醬汁使其入味。

＊約15分鐘後即可食用，若醃個約1小時會更加入味，吃起來更好吃。

醋醃（Escabeche）／在魚類料理的最後階段混合食用醋的烹調手法，在古羅馬的阿庇基烏斯（Apicius）所著的《論烹飪》一書中亦有記載。Escabeche的語源為阿拉伯文的「Sikbaj」，中世紀的阿拉伯用其指稱加了醋的肉類和魚類料理。

添加用了三種香草的達文西風味香草醋增添香氣。
可品嘗到清爽的酸味和多層次的風味。

巴沙米可醋

巴沙米可醋是義大利艾米利亞-羅馬涅（Emilia-Romagna）地區自中世紀以來所製造，帶有獨特香氣和甜味的褐色醋。一開始並非被視爲食品，而是被當成補品和精油一樣來使用。製作方法爲將葡萄汁煮至濃縮後裝入桶中，再經過多道繁複的手續放置 12 年以上的長期熟成。由於糖度和酸度的濃度都相當高，酒精發酵和醋酸發酵會同時進行。傳統製作方法針對原料、熟成方法以及品質皆有嚴謹的規範，以此法所生產出的傳統巴沙米可醋（「Aceto Balsamico Tradizionale」）非常昂貴，通常會在菜餚最後完成的階段加一點進去去享受其風味。巴沙米可醋自 1980 年代以來開始在世界各地打出知名度，因此市面上開始出現越來越多放寬製作條件並縮短熟成期間的「普及版巴沙米可醋」。可根據不同需求選擇適合的巴沙米可醋入菜。

＜香氣搭配＞

使用容易購得的普及版巴沙米可醋來製作香料醋。建議選用香氣個性較強烈的香草植物與香料類以搭配巴沙米可醋獨特的香氣和甜味。

Recipie 1

平價巴沙米可醋+肉桂

材料／巴沙米可醋250ml、肉桂粉1／2小匙、砂糖1大匙

做法／將巴沙米可醋倒入小鍋中去煮，收乾到剩1／4的量為止。關火後加入砂糖，再加入肉桂粉，冷卻後裝瓶保存。可搭配香草冰淇淋等食用。

Recipie 2

平價巴沙米可醋+橙皮

材料／巴沙米可醋250ml、柳橙皮1顆的量

做法／將所有材料放入瓶中放置約一週即成。可混合橄欖油和鹽做成淋醬。

各種水果醋

葡萄酒醋在法國是主流，但在美國最受歡迎的醋則是蘋果醋。蘋果醋是以蘋果汁爲原料，經過酒精發酵、醋酸發酵後釀成的釀造醋*。

由於蘋果汁含有大量的蘋果酸，在醋的釀造過程中容易產生乳酸發酵（乳酸菌將蘋果酸轉化爲乳酸的發酵作用），可使酸味較爲柔和，並打造出複雜的香氣，成品帶有來自其原料蘋果的溫和甘甜以及清爽的酸味。醋以水果爲原料，除了蘋果之外，還有柿子醋、無花果醋、椰子醋等。每種醋都有來自原材料的香味，因此可根據用途選擇適合者來使用。

＊在日本，每1L使用到300g以上的果汁者可稱為「蘋果醋」。以水果為原料製成的醋有很多種，除了蘋果醋以外還有柿子醋、無花果醋、椰子醋等。每種醋因原料不同而帶有不同的香氣，可配合用途去選用。

＜香氣搭配＞

醋不僅可以入菜，還可以做為飲料。其中，蘋果醋的顏色輕淺且香調清新，很適合飲用。它也很適合用於醃漬色澤美麗、香氣芬芳的食用花和香草植物並製成飲料。

Recipie 1

蘋果醋+木槿

材料／蘋果醋180ml、木槿（乾燥）5g、冰糖適量

做法／將所有材料放入瓶中，倒入食用醋放置3日～一週即成。可加入冰水或氣泡水調成飲料。

Recipie 2

蘋果醋+檸檬香茅+薄荷

材料／蘋果醋180ml、檸檬香茅（乾燥）2小匙、薄荷（乾燥）1小匙、冰糖適量

做法／將所有材料放入瓶中，倒入蘋果醋放置約兩週即成。可加入冰水或氣泡水調成飲料。

紅醋（酒渣醋）、黑醋

紅醋（酒渣醋）是以酒渣爲原料所製成，由愛知縣半田市的釀酒師所發明的醋。要生產紅醋，釀酒師必須克服處理醋酸菌的風險，做出的成品中含有大量的胺基酸，鮮味濃郁、酸味醇厚，是江戶前壽司愛用的醋。紅醋之名來自其紅褐色的色澤，這是因爲發酵前的酒渣經長期儲藏及熟成處理後，其中的糖分、有機酸和氮等成分增加所產生出的顏色。

黑醋是以未精製過的米或小麥爲原料製成的醋。日本的鹿兒島自江戶時代以來便採用壺釀法去釀造黑醋。1970 年代左右起黑醋的保健效果受到關注，現在市面上亦可買到不使用傳統方式生產卻掛著黑醋之名的產品。黑醋的香氣富層次且醇厚，顏色呈褐色甚至黑色，嚐起來酸味溫和而滋味濃郁。有報告指出黑醋可以促進血液中紅血球和白血球的流動性。

＜香氣搭配＞

紅醋醇厚的滋味經柚子的香氣提味，可說是相得益彰。黑醋與生洋蔥混合後增加了甜味和濃郁度，風味也更加豐富，醃漬後的洋蔥也可以食用。

Recipie 1

紅醋×柚子

材料／紅醋250ml、柚子皮2顆的量

做法／將所有材料放入瓶中倒入醋放置約兩週即成。可加入植物油和鹽去調味做成淋醬。

Recipie 2

黑醋×洋蔥

材料／黑醋250ml、洋蔥1顆

做法／洋蔥縱切成薄片後放入瓶中倒入黑醋。洋蔥會開始出水，放到隔天～一週後即可使用。可用醬油和蜂蜜去調味做成淋醬。

根據不同用途去選
用適合的醋吧。

運用米醋

自平安時代便開始使用的「日本醋」。
米醋是日本料理中不可或缺的風味。

日本自古以來便會將米釀成醋。平安時代的《和名抄》中可見關於醋的記載：「俗稱苦酒（中略）讀作辛酒的醋便屬此類」。醋的原型應該是開始釀酒的三世紀以後酸敗的酒。奈良時代已開始大量釀造醋。

平安時代貴族的宴會菜餚中會準備四個裝了四種調味料的小碟，稱爲「四種器」，醋便是其中之一，賓客會蘸著醋食用生食以及乾物。米醋中含有和日本酒相同的微量香氣成分，是日本料理中不可或缺的食用醋。

＜香氣搭配＞

日本的書籍中，第一個出現關於「醋」的記錄是奈良時代的《萬葉集》第16卷當中的〈詠醋、醬、蒜、鯛、水葱之歌〉中「願食醬醋合搗蒜之鯛，不食水葱羹（我想吃鯛魚搭配醬、醋和野蒜拌成的醬汁，不想吃水葵的吸物[17]）」。可見得遠自平安時期開始，人們便已愛上用調味過的米醋搭配野生植物野蒜（見p187）的風味。

Recipie 1

米醋香料醋

材料／米醋180ml、大的野蒜10顆（或小的野蒜20顆）

做法／切除野蒜的葉，剝除薄皮僅將鱗莖部分放入瓶中倒入米醋放置約一週即成。可混合醬油後製作涼拌菜，或者混合鹽和橄欖油做成淋醬。

利用「米醋」帶出香氣的食譜

牛肉沙拉
佐野蒜醋醬汁

材料（4人份）

牛肉（牛排用）……140g
鹽…… 1 小匙
黑胡椒……少許
小番茄……4 顆（切半）
紅洋蔥……1／3 顆（切片）
甜菜……適量（切片）
鷹嘴豆（水煮過的）……適量
帕瑪森起司……適量（用削皮器等削成薄片）
葉類蔬菜（菊苣、紅火焰萵苣、紫高麗菜等）……適量（切成一口大小）
香草植物（細香蔥）……適量

野蒜醋醬汁的材料

米醋香料醋（見上方食譜）……35ml
橄欖油……100ml
鹽……3g
黑胡椒……少許

做法

1. 牛肉加鹽和黑胡椒後去烤。放涼後切片灑點鹽。
2. 在盤子裡放入蔬菜葉、小番茄、紅洋蔥、甜菜、鷹嘴豆、**1**以及香草。
3. 將醬料的材料放入瓶中混合均勻，以繞圈方式淋上。

17 日本料理中一種熱湯。

野蒜獨樹一格的香氣和牛肉強烈的滋味非常對味。
吃了可讓人精力充沛的能量沙拉。

3. 香氣萃取方式

水 ╳ 香氣

水是構成人體六至七成的物質。對人類的飲食生活而言，水的存在是不可或缺的。在廚房也常用到水，可說是最貼近我們生活的材料。也因此人類自古便會使用熱水製作浸泡液（高湯或茶）或者純露（芳香蒸餾水），將香氣分子自食材當中抽出並活用於烹調上，增添料理的香氣及風味。

本章將介紹使用水增添料理香氣的方法。

氣味難溶於水。若是熱水，香氣分子會自水面急速散失。就讓我們活用這項特性來享受芬芳的下午茶時光吧。

體驗主題

香氣分子立刻就會自茶中散逸

利用中國茶的聞香杯來感受香氣

喝中國茶時會使用「聞香杯」。
這是利用溶解於熱水中的香氣分子易揮發的特性來享受香氣的一種方式。

準備材料

茶葉（烏龍茶或紅茶）適量

熱水 適量

小陶杯 2種
- 聞香杯（若無聞香杯可用細長的器皿代替）
- 茶杯（若無可用日本酒杯代替）

1. 在急須裡放入適量茶葉後倒入熱水，放置數分泡茶。
2. 在將急須裡的茶水倒入茶杯前，先倒入聞香杯（細長器皿）當中。
3. 將倒入聞香杯的茶水立刻倒到茶杯中。
4. 將鼻子湊近空的聞香杯，可聞到器皿中充滿著茶香。

體驗結果

器皿表面殘留的水分及香氣分子會因為熱而急速揮發。
可觀察到茶中大多數的香氣分子會立刻散逸。

Q 紅茶的香氣能用熱水萃取出來嗎？

溶於熱水中的香氣分子無法留在水中，會立刻從表面散失。

想泡出好喝的紅茶，熱水的溫度和燜的時間十分重要。讓我們靠著熱力充分帶出香氣吧。

〈香氣分子為疏水性〉

食物中所含有的香氣分子大多難溶於水（疏水性與親脂性）。雖然會有少量的香氣分子溶於水中，但與油脂完全不可同日而語。

因此，用熱水萃取出的香氣分子不會留在水中，而會立即從水面散發至空氣中。水溫越高，這個情形更加嚴重。茶壺之所以會附蓋，除了可以保溫，幫助浸泡出茶葉中成分之外，還有防止香氣成分散失的好處。

〈防止香氣散失〉

使用茶製作料理時也要試著防止香氣散失。舉例來說，若要用熱水沖泡紅茶或香草茶後做成果凍，可以在泡好茶後立刻將整個容器用冰塊急速冷卻，用保鮮膜包好後避免香氣揮發，只要在製作時將防止香氣散失這點納入考慮，做出來的成品亦會大大不同。

此外，香氣分子很容易蒸發這點也意味著香氣分子很容易竄入人的鼻子裡。之所以從茶壺裡倒出紅茶後要用寬口的茶杯立即飲用就是爲了要享受茶豐富的香味。一旦理解了水的性質並採取相應的處理，便可更加靈活運用料理以及飲料中的香氣。

Q 什麼是純露？

通過蒸氣蒸餾法萃取而成的水分。氣味芬芳的純露可用來入菜。

在 P69 中有稍微提及「蒸餾」技術，接下來將進一步詳細說明蒸餾方法。

〈蒸餾的原理〉

蒸餾指的是將加熱液體後產生的蒸氣重新冷卻成液態，藉由沸點的差異來分離和濃縮成分的手法。

圖 1 說明了蒸氣蒸餾法的原理。人類發現植物葉子中所含的香氣分子擁有和水分一起加熱後會變得容易蒸發的性質，因此想到了透過收集與蒸氣一起散發的香氣分子，便可以有效地從植物中分離出香氣的方法。

將收集到的氣體冷卻變回液體時，液體會分成兩層，位於上層的液體就是「精油（Essence oil）」。精油是香氣分子的集合，具有很強的香氣和功能，因此要注意使用精油入菜是很危險的。

〈烹調用的純露〉

然而，位於精油下層的水性液體「純露」，根據植物種類不同，有些可以用來入菜增添料理香氣。

自古以來，常用於烹飪的純露包括玫瑰花的純露「玫瑰水」以及苦橙花的純露「橙花水」。

純露 ①

Q 玫瑰水可以入菜嗎？

中東和歐洲將玫瑰水用於料理及甜點製作。

玫瑰花香自古以來便是受人歡迎的代表性花香。玫瑰純露（見上頁）稱爲「玫瑰水」，它含有大量玫瑰當中呈親水性（易溶於水）的香氣分子。與不可食用的精油相比，其香氣及功效皆較爲溫和。一直以來都被視爲藥用、製作化妝品和烹調的珍貴材料。

〈在世界各地用來增添風味〉

自古以來人類就會運用蒸餾技術，而其中又以中世紀中東的技術特別發達。也就是從這個時期開始，人們開始在日常生活中使用玫瑰水。例如，在中世紀用阿拉伯文寫成的食譜中，一定會提到最受歡迎的甜點「Lauzinaj」就是用杏仁粉、砂糖和玫瑰水所製成。（順帶一提，這個甜點就是馬卡龍的原型）

誕生於 8 ～ 10 世紀阿拔斯王朝宮廷的《烹飪與食補之書》當中也介紹了如何享用玫瑰水*。

隨著十字軍東征，玫瑰水傳入歐洲，並逐漸開始在當地生產。在 17 世紀的英國烹飪書中可看到玫瑰水被添加到各式各樣的食譜中，包括餅乾、湯、肉類和魚類料理。

此外，印度到了現在，也有很多家庭的廚房裡常備有玫瑰水以用來製作各式料理及甜點。

〈保加利亞的玫瑰花香〉

玫瑰水的原料大多採用玫瑰中香氣特別強烈的古老玫瑰品種——大馬士革玫瑰。保加利亞爲大馬士革玫瑰的知名生產國，有著 770 個東京巨蛋大的廣闊「玫瑰谷」，可採收大量的玫瑰花。

當地每年都會舉行玫瑰節，除了遊行和表演外，還會提供玫瑰酒和用玫瑰水製作的甜點，可充分享受當季玫瑰的香氣。

*「在各種果汁中加入優格和砂糖，加入玫瑰水和麝香等香料煮至濃稠製成的飲料」以及「用Julep（玫瑰水、醋和砂糖所製成）和Sukanjabin（將砂糖加醋煮至濃稠再加入辛香料的飲料）混合而成的飲料」等。

蒸氣蒸餾法的原理

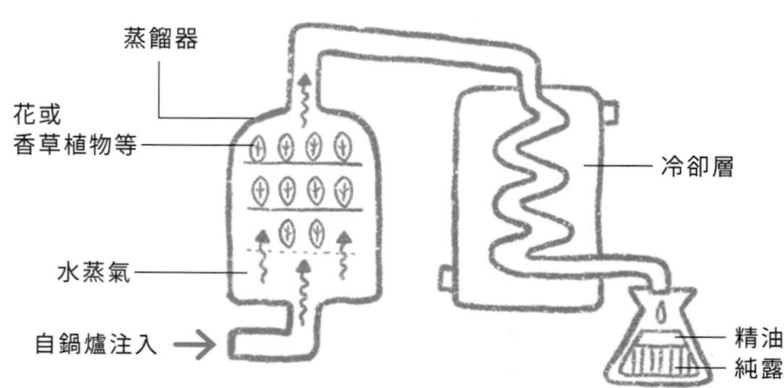

將水蒸氣注入裝了花或香草葉的蒸餾器中使香氣分子汽化，再將其冷卻取得精油及純露。

純露 ②

運用橙花水

苦橙的白色花朵香氣柔和，可用來點綴甜點和飲料。

提到「柳橙的香味」，一般可能會先聯想到水果的清新香味。事實上，柑橘類植物充滿了香氣，其花朵和葉片也很香，亦可用於烹飪。當中又以苦橙的白色花朵香氣最芬芳，由苦橙萃取出的精油「橙花精油（Neroli oil）」，在香水製作和芳療領域一直相當受到重視。

〈活用於烹飪上柔和又雅緻的香氣〉

除了精油以外，透過蒸氣蒸餾法還可同時獲得純露「橙花水」。橙花水是溶入了水溶性香氣分子的材料。甘甜清爽的香味從以前便相當受到青睞，在 1600 年代的英國，冰淇淋剛開始流行，當時便有使用「橙花的水」調味的食譜。

在苦橙生產國如突尼西亞等國家，現在仍然會使用由家庭用的小型蒸餾器所製成的橙花純露去增添料理或咖啡的香氣。在日本，市面上很容易就可買到從產地進口的橙花水。

〈加點香氣，為平常的菜色增添變化〉

在調理之前，先嚐一口橙花水試試味道。可確實感受到自口腔內穿透鼻腔的風味。只不過由於橙花水沒有味道，因此似乎稱不上是完成的食品。這種風味可以搭配什麼樣的食材來運用呢？

下面便來介紹一個使用橙花水來製作法式吐司的食譜。敬請享受這道食譜當中所融合的橙花柔和的香味、淡淡的甜味以及麵包柔軟的口感。

活用「橙花水」香氣的食譜

橙花水
蛋汁法式吐司

材料（2人份）

麵包……1 條（切成 4 片）（本書用的是75g麵糰烤出的白麵包）
奶油……10g
香草冰淇淋 ……適量
糖粉……適量
開心果……適量（拍成粗粒）

蛋汁材料

雞蛋……1顆
牛奶……100ml
糖……1大匙
橙花水 ……1小匙

做法

1. 將蛋汁的材料混合均勻後用篩網過濾，放入麵包浸泡約一小時。硬的麵包很難泡軟，因此要浸泡一個小時以上。
2. 在平底鍋中加入奶油，用小火慢慢煎烤1的表面。
3. 盛盤，放上香草冰淇淋，灑上糖粉和開心果粒。

加入橙花水獨特的風味，大人的法式吐司於焉誕生。
美味的秘訣在於徹底讓蛋汁浸泡入味。

Q 日式高湯的香氣能讓人放鬆身心，促進食慾

高湯中不僅含有鮮味，還隱藏著「香味」的秘密，必須好好傳承下去。

〈費工的高湯香氣〉

提到日常生活中用水萃取材料香味的作業，應該非萃取高湯莫屬了吧。日本料理會從昆布和柴魚片等乾燥的食材當中，用相對較短的時間去萃取高湯。

萃取高湯的意義不僅只於獲得麩胺酸和肌苷酸等「鮮味」而已。高橋拓兒氏*所撰寫的論文〈從廚師觀點看日本料理的魅力〉中描述了使用昆布和柴魚片萃取出的「頂級高湯」之香氣的價值。

「來自昆布的抹茶、焙茶、鱉甲生薑[18]、西洋梨、西芹、烤麻糬、桂花香氣」以及「來自柴魚片的玉米、棉花糖、瓜果、巧克力、大茴香、肉桂」這些香氣爲第一道高湯帶來了深度以及上等的質感。製作高湯用的昆布和柴魚需要耗費相當多的時間和精力去加工。而正是由於上乘的鮮味和香氣相輔相成，才得以形成高湯的風味。

＊高橋氏的總論當中介紹了「頂級高湯」的三個關鍵要素：「1. 水的硬度為50度，2.自昆布中萃取鮮味成分的溫度和時間，3. 從柴魚片中萃取鮮味成分的溫度和時間。」

〈能令人放鬆心神的高湯香氣〉

近年來有一些針對高湯的研究十分有意思。實驗顯示「自昆布和柴魚萃取出的香氣可以促進自律神經系統中副交感神經的活動，減少主觀的疲勞感」。也就是說，有很多聞到日式高湯香氣的人，會感到放鬆且有消除疲勞的效果。*1

從食物中飄來的「香氣」不僅有助於改善食慾和暫時增進味道，還可能有著對精神方面的作用。

我們已經知道，對高湯的嗜好（偏好）是自童年的飲食習慣所養成的。但由於這個實驗的受試者僅限於日本國內的學生，因此結果可能無法討用於所有人身上。

然而，就思考「烹飪的香氣」所帶來的心理價值這方面而言，這仍然是一項有價值的研究。將來在食品領域，可能會越來越重視香氣對精神上的影響。

〈高湯香氣讓人「上癮的感覺」〉

對人類來說，構成美味的要素主要有下列四種：

① 生理需求（針對維持身體機能所必需的營養素感受到美味）

② 飲食文化（來自熟悉的飲食文化和飲食習慣，從對食物產生的安全感中感受到美味）

③ 資訊（從產地及品牌、媒體評價等資訊感受到美味）

④ 大腦的獎勵系統（當慾望得到滿足時，因神經系統帶來愉悅感所感受到的美味，會產生一種上癮的感覺）

在一項使用柴魚高湯的實驗中，發現柴魚高湯是一種很有可能產生④具高度獎勵感上癮性的食品。*2 且如果去除柴魚高湯的「香氣」，就不會產生上癮的感覺。柴魚高湯的「香氣」以及鮮味，是爲人類帶來高度滿足感和強烈美味快感時不可或缺的要素。全世界現在已認可了低脂美味的日本料理的價值，而做爲日本料理基底的高湯，其滋味以及「香氣」當中隱藏著許多秘密。

＊1〈高湯對人類自律神經活動和精神疲勞的影響〉森瀧望等，日本營養和糧食學學會雜誌，第71卷，第3期（2018年）

＊2〈探究高湯的美味〉山崎英惠，化學與教育第63卷，第2期（2015年）

18 一種生薑料理。新生薑水煮後擠乾水分再用糖水煮至上色，最後加點醋即成。

Q 紅茶和煎茶為何有著不同香氣？

主要是由於製造方法的差異。不同的發酵過程會產生不同的香味。

優質茶的魅力當然在於其豐富的香氣。我們從山茶科山茶屬植物「茶」的葉子中可萃取出各式各樣的香氣分子並享受其香氣。靜岡的煎茶帶有清新的青草香氣，印度大吉嶺紅茶帶有濃郁的果香。就算全都統稱爲「茶」，所帶有的香氣也是形形色色，種類相當廣泛。而爲何茶的香氣會有所不同呢？

〈發酵過程產生不同香氣〉

第一個因素是製造方法的差異。當然，因茶樹品種、產地和茶葉收穫時間點的不同，香氣也會有所不同。然而，製造過程中的「發酵」程序對茶葉香氣變化的影響是最大的。

雖說是發酵，但並非是釀造酒或醋時的微生物發酵。*製茶的發酵，是原本茶葉中所含的兒茶素被氧化酶的作用氧化，導致顏色和香氣產生變化的過程。

〈煎茶的香氣〉

煎茶（綠茶）爲「不發酵茶」，紅茶爲「全發酵茶」。在製造煎茶（不發酵茶）時，一開始會先加熱茶葉，使茶葉喪失酵素活性，以防止發酵。因此可保留新鮮茶葉所帶有的清香。煎茶中含有被稱爲「綠葉揮發物」（⇒見 P37）的「葉醇」、具有海苔般的香氣的「二甲硫醚」、聞起來像堇菜的「β - 香堇酮」等成分。

〈紅茶的香氣〉

另一方面，紅茶（全發酵茶）在採摘後會經過萎凋並充分揉捻，使其完全發酵。在發酵過程中會累積兒茶素氧化物去氧化其他成分，產生多種香氣分子。胺基酸會因史特烈卡降解生成新的香氣分子，例如聞起來像風信子花香的「苯乙醛」、像玫瑰花香的「香葉醇」、像鈴蘭花香的「芳樟醇」等成分，創造出繁複且強烈的茶葉香氣。

＊普洱茶等「後發酵茶」是先經過和綠茶一樣的殺菁、揉捻處理後，再進行微生物發酵去產生獨特的香氣。

column

水的硬度對香氣的影響

為了充分萃取出茶葉的香味泡出美味的茶，必須特別留意水的硬度。

硬度是表示水中礦物質（鎂離子或鈣離子）含量的值。由於其他物質很容易溶解於水中，因此除了藥局賣的蒸餾水外，河水、湖水、自來水和井水都會含有礦物質。硬度小於120為軟水，超過則為硬水。日本國內大多數區域的自來水皆屬於軟水，硬度在60～70 度左右。一般來說，關東地區的水往往比關西的水硬度來得高。水的硬度越高，就越難萃取出茶的味道和香氣，因此不建議用屬於硬水的礦泉水去泡茶。

將新鮮的自來水徹底煮沸，使氯揮發後再去沖泡茶葉。

運用中國花茶

在中國，自古以來就會享用茉莉花茶等沁入花香的茶。

茶的起源可以追溯到中國古代。

根據西元770年左右唐代的茶評論書《茶經》，神話記載人在西元前2700年時開始喝茶。關於飲茶的起源有諸多理論，但在《三國志》中已出現對茶的記述，因此飲茶毫無疑問有著悠久的歷史。

直到唐代爲止，所謂的茶是將茶葉製成堅實圓餅狀的「團茶」，而像現代喝的「散茶」要經過宋代到了明代才成爲主流。明代起融入釜炒技術，奠立了現代使用急須沖泡的形式。

明代開始製作將鮮花的香味轉移到茶中的「花茶」，也就是花卉口味的茶。花茶也被稱爲香片、花香茶、賦香茶等。雖然自古就有在茶中添加香氣的想法，但散茶更適合吸附香味。

茶葉很容易吸附氣味，因此必須注意保管的場所。反之可利用這種性質來製作花茶。在明代的《茶譜》中，蓮花、桂花、茉莉花、玫瑰、蘭花、橘柑花和梔子花都可以用來製作花茶。到了清代，花茶在上流階級中開始流行。現代花茶的代表爲茉莉花茶，製作時必須將在開花的清晨採摘下的茉莉花反覆鋪上茶葉三次以轉移香氣，相當費工。如此透過繁複工程吸香所製成的茉莉花茶，即使未保留茉莉花本體，用熱水泡後仍可散發出芬芳的花香。

茉莉花好聞的香氣也可用於烹飪，將其加入燉飯和湯等料理，享受由茶、花和食材所融合出的風味。

活用「中國花茶」香氣的食譜

茉莉花茶海瓜子糙米燉飯

材料（2人份）

大蒜……1／2瓣（切碎）
洋蔥……1／2顆（切碎）
橄欖油……1大匙
海瓜子……400g（吐沙後洗淨）
白酒……50ml
茉莉花茶……400ml
糙米飯……400g
豌豆苗……1／2包（切成一口大小）
奶油……20g
帕瑪森起司……35g
鹽……適量

做法

1. 用橄欖油炒大蒜、洋蔥、海瓜子，加入白酒，蓋上蓋子去煮，當海瓜子殼打開後取出。保留一部分帶殼海瓜子裝飾用，其餘去殼。
它。
2. 加入茉莉花茶和糙米飯，一邊攪拌一邊用中火加熱至適當濃稠度。
3. 加入豌豆苗、奶油和帕瑪森起司，離火用鹽調味，盛盤再放上1中所保留裝飾用的海瓜子。

能充分品嘗到茉莉花茶的高貴風味
以及海瓜子的鮮味。

3. 香氣萃取方式

鹽 × 香氣

全世界所生產的鹽中，來自海水的鹽有三成，湖鹽為一成，而岩鹽占六成左右。湖鹽和岩鹽其實是因地殼變動或氣候變遷而被陸封的古老海水鹽，因此鹽可說是「大海的禮物」。

雖說古代四大文明誕生於大河流域，但對人類生存來說，還有另一個必須要素，那就是靠近可取得鹽的鹽湖、鹽泉或乾燥的海邊，這也是建立文明的必要條件。鹽是第一個人類所使用的調味料，是人類飲食生活不可或缺的一部分。

本章將介紹鹽的功能和香氣。

人所感受到的鹹度會因香氣而有所不同嗎？鹽的功能會改變食材的香氣嗎？鹽和香氣有著密不可分的深厚關係。

體驗主題

運用「鹽」的力量生成甘甜的香氣

感受櫻花的香氣變化

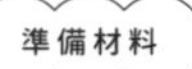

八重櫻的花

＊選擇完全盛開前的花，帶柄取下後，清除掉髒污及異物。

- 鹽 適量
- 小瓶子之類的容器

步驟

1. 收集約可盛滿兩手分量的八重櫻，靠近鼻子聞聞看，此時可以聞到淡淡的香氣，但並不濃郁。
2. 將花置於碗中撒上適量的鹽，讓鹽均勻裹上櫻花後輕輕搓揉之。
   ＊若想要維持櫻花的顏色，可以加一點梅子醋或檸檬酸水溶液進去。
3. 待花瓣開始縮起來，分別順過每朵櫻花的花瓣，使花瓣呈闔起來的狀態。將闔上的櫻花放入小瓶子當中整齊疊好。隔天鹽漬櫻花就大功告成了。
4. 於茶杯中放入一朵鹽漬櫻花，加入熱水泡成櫻花茶。

櫻花茶會散發出不同於鮮花的香氣及風味。

★用鹽醃過的櫻花葉及櫻花會帶有獨特且溫和的甜美香氣。其主要成分為香氣分子「香豆素」。新鮮的櫻花及櫻花葉的香氣雖然不是很強烈，但透過鹽醃，讓滲透壓破壞細胞中的液胞，便可藉著酵素作用生成「櫻花香」，接著我們便可運用這種「櫻花香」來入菜。

Q 加了鹽食材的香氣會改變嗎？

鹽的功能會影響食材香味的變化。

〈何謂鹽〉

鹽是人類生存所必需，含有氯化鈉和其他礦物質的調味料。人體中 60 ～ 70 % 是水分，其中約 1 ／ 3 是細胞液，而細胞液的鈉離子濃度約為 0.9%。因此，人類會感到美味的菜餚含鹽量在湯中約為 0.8% 至 0.9%，而燉煮物中約為 1%。

除了做為調味料賦予味覺上的鹹味外，鹽在烹飪中還具有以下重要功能。其中有一些功能與食物的香氣和風味有關。

在實戰體驗中，我們利用②的滲透壓來破壞櫻花中的細胞以引起反應，使新的香氣分子得以生成。

〈鹽的功能與食物的香氣〉

① 抑制微生物的繁殖

• 延長新鮮食品的保存期限

• 在製作發酵食品時抑制雜菌的繁殖

→ 防止異臭發生

② 藉著滲透壓自蔬菜中抽取出水分

• 可有效運用加鹽搓揉的方式去調理

→ 食材的香氣在用鹽搓揉後發生變化

③促進小麥麩質的生成

→麵包等加工食品的質地一旦產生改變，散發出的香氣也會不同

此外，鹽水還可抑制酵素作用，具有防止蘋果的褐變以及加速蛋白質凝固等功能。

column

鹽的歷史逸聞 英勝院與鹽

阿梶夫人（英勝院）是德川家康的側室，為家康第五女市公主之母，也是水戶德川家之祖賴房的養母。歷史上留下了一個她針對烹飪和鹽的發言的趣聞，顯示了她過人的洞察力。

有一天，家康與大久保忠世和本多正信等家臣回憶以前打過的仗。此時家康突然問大家：「世界上最美味的東西是什麼？」家臣們回答不一，於是他又問了身邊的阿梶夫人，於是她回答：「是鹽。沒有鹽，任何菜都沒有味道，吃起來不會好吃。」家康再次詢問：「那麼，最難吃的東西是什麼呢？」她回答：「還是鹽，不管再好吃的食物，如果放了太多鹽，就會變得難以下嚥。」據說，家康聽到這話後感歎道：「如果她生為男人，一定能成為一個優秀將領大為活躍吧，真是太可惜了」（摘自《故老諸談》）。

Q 鹽味會影響其他味道嗎？

鹹味對其他味道有對比作用以及抑制作用。因此加鹽時要邊試味道一點一點加。

在五味（甜味、鹹味、酸味、苦味和鮮味）中，鹹味能和其他味道相互作用。也因此，添加鹽時，菜餚的味道變化無法單純地靠量的增減來計算。

主要的相互作用爲對比作用（當同時嚐到不同味道時，其中一種味道會讓另一種味道更加突出）和抑制作用（當同時嚐到不同味道時，其中一種味道或兩種味道會減弱）。因此，可透過添加少量不會讓人感到鹹味的鹽去達到「提味」的功能。

《鹹味與其他味道的相互作用》

① 對甜味的影響

當加入少量的鹹味時，甜味會增強。

例如，在紅豆湯中加入少量的鹽時，甜味會變得突出（對比作用）。

② 對苦味的影響

苦味可透過少量的鹹味得到抑制（抑制作用）。

例）在苦味強烈的夏柑等食材上灑一點鹽可以抑制苦味。

③ 對酸味的影響

若加入極少量的鹹味可增強酸味，但當添加更多的鹹味時則會抑制酸味。

例如）在壽司醋中加入鹽時，滋味會變得溫醇。

④ 對鮮味的影響

添加少量的鹽可增強鮮味。

例）在高湯中加入少量的鹽可使鮮味更濃郁。

此外，鮮味會抑制鹹味。例如，醬油的鹽分濃度爲 17%，一般同樣濃度的鹽水會感到太鹹，連舔一下都受不了，但因爲有鮮味的作用，故醬油吃起來不會感到那麼鹹。飲食需要減鹽的人必須要特別小心。

此外，在味道的相互作用中，兩者味道濃度的比例十分重要。

例如，甜味和鹹味之間的相互作用，若原本食物的甜味較強（蔗糖濃度高），一旦添加鹹味會讓甜味更加突出，因此必須盡量減低鹽的用量，控制在能帶出甜味的適宜範圍內。此外，鹽不僅會在五味之間作用，也已經證實香氣（風味）和鹹味之間會相互影響。關於這點將於下一頁進一步說明。

五味會彼此互相影響，比例的拿捏相當重要。

Q 可利用香味來「減鹽」嗎？

有些香氣可以加強鹹味，因此似乎有助於減少鹽的用量。

〈香氣和減鹽〉

我們從很久以前就已經發現氣味（嗅覺刺激）會改變味覺的強烈程度。爲了預防生活習慣病[19]，如何在不減損食物美味的情況下減少鹽分成了迫切的需求，因此有許多人便開始研究用「香氣」去減鹽的具體方法。

例如，有一項使用下列十七種香草植物：「大茴香、羅勒、西芹、孜然、德國洋甘菊、生薑、檸檬香茅、肉豆蔻皮、烏龍茶、奧勒岡、紅椒粉、巴西利、辣薄荷、紫蘇、罌粟籽、乾燥玫瑰花苞（粉紅玫瑰）、柚子皮」針對香氣加強鹹度的研究結果顯示，巴西利、西芹、德國洋甘菊、烏龍茶、奧勒岡與紅椒粉六種香草植物有助於加強鹹味。其中，加了烏龍茶和紫蘇的結果顯示能改善鹹味的品質（吃起來更不膩、溫潤及清爽）。不同類型的氣味和鹹味的交互作用亦會不同。[*1、*2]

〈不可思議的鹹味與嗅覺〉

在思考人對食物風味的感受方式時，如第一章所示，我們必須記住嗅覺的產生有兩種途徑——來自鼻孔的鼻前嗅覺（鼻尖香）以及來自口腔和喉嚨的鼻後嗅覺（口中香）。

日常生活中，我們會將結合味覺和嗅覺的食物風味視爲「味道」。大腦會將口中嚐到的食物鹹味和甜味等味覺和食物在口腔和喉嚨散發出的氣味統整成一項綜合的資訊。在一項「醬油香氣會加強鹹味」的研究中，有一個有趣的發現，那便是獲取嗅覺的兩種途徑間的差異[*3]。

鼻尖香主要是「吸氣」時感覺到的嗅覺，而口中香則是「呼氣」時所感覺到的嗅覺。研究結果顯示，呼氣時感受到的醬油香氣加強了鹹味，而吸氣時感受到的醬油香氣並不會加強鹹味。獲取香氣分子資訊的途徑可能來自外部或體內（口腔內），並對人類知覺產生不同的影響。關於由味覺和嗅覺所融合而成的「風味」還有許多尚未解開之謎，今後也會使用新的方法繼續研究下去。

＊1 此實驗為針對泡水一晚的香草植物萃取液和鹹味一起含入口中時的感官評價（由人實際去品嘗並判斷）。研究並未特別指出香草植物的「香氣（嗅覺刺激）」作用，而是針對「辛香料的使用」去進行分析。

＊2 〈辛香料對鹹度之影響暨在低鹽飲食中之應用可能〉 佐佐木公子等，美作大學及美作短期大學紀要第63卷（2018年）

＊3 〈提示與呼吸連動的醬油氣味以達到鹹味增強效果〉角谷雄哉等，日本虛擬現實學會論文誌，第24卷，第1期（2019年）

Q 醃漬物的香氣讓人食指大動

靠鹽去抑制雜菌的孳生，讓乳酸菌作用，生成美味的香氣。

蔬菜用鹽醃過後可減少體積，增進保存性，並孕育出獨特的香氣與風味。日本各地的鄉土料理中傳承了許多製作醃漬物的智慧。

〈日本的鹽〉

日本不產岩鹽，因此自古以來使用的就是海鹽。在《萬葉集》中也可以看到「藻鹽」一詞。指的就是在海藻上潑海水再透過日曬濃縮鹽分後燒成灰鹽，再添加海水去煮至濃縮製成的鹽。據說也有另一種作法，是先用海水清洗海藻鹽分製成鹼水後再去熬煮濃縮製成。有一種理論認為，在開始使用藻鹽製作醃漬物之前，重複浸泡過海水後曬乾的蔬菜便是醃漬物的前身。

〈用乳酸菌生成的香氣〉

醃漬可分成鹽度低、保存期限短的淺漬類或者像醃薤這一類的調味醃漬物，以及像高菜漬[20]或米糠漬這類的發酵醃漬物。

發酵醃漬物是維持在鹽度5~10%，使雜菌難以孳生的狀況下去長期醃漬的產品，透過乳酸菌作用，產生了促進食慾的誘人香氣和風味，同時使食物維持在良好的保存狀態。

〈高菜的香氣分子很活躍嗎？〉

高菜漬是一種發酵醃漬物，其來自原料植物的香氣分子有助於保持醃漬物的美味。高菜[21]屬於十字花科，主要產於九州地區，含有異硫氰酸烯丙酯，這也是山葵和芥末中所含，會嗆鼻而具揮發性的香氣與辣味成分。非常剛好的是，此成分可強烈抑制空氣中其他微生物的生長，但對乳酸菌的作用很弱。

這項九州特產之所以美味，應歸功於鹽和乳酸菌的作用，以及其背後的植物香氣分子之力。

高菜漬當中含有和山葵、芥末中相同的揮發性香氣分子，是漬物美味的功臣。

19 又稱慢性病、成人病或文明病。

20 酸菜。

21 日本的芥菜。

運用香料鹽

運用鹽×香氣的自製調味料，創造出簡單卻令人印象深刻的菜餚。

1997年，日本廢除持續了92年的鹽專賣制度，鹽的生產、進口和流通成了自由市場。如今，你能在市面上買到各種「鹽」，包括從國外進口的珍貴岩鹽和於日本各地海岸製成的海鹽。它們之間的差異在哪裡呢？

口味上的差異主要取決於鹽粒的大小和形狀。此外，據說氯化鈉以外的礦物質和雜質的混合比例亦會影響鹽的味道。

鹽的選擇增加，提高了大家對調味料鹽的興趣，添加了香氣要素的鹽也開始受到矚目。市面上開始販賣各式各樣的鹽，如與香草植物和香料混合的鹽、添加濃縮葡萄酒以增加風味的葡萄酒鹽、昆布鹽、檸檬鹽和煙燻鹽等。就算是普通的菜色，也可加上香料鹽調配出多元的變化。

在家裡製作香料鹽時，可以少量製作，並在香氣揮發之前儘早用完。

＜香氣搭配＞

花椒鹽在中國受到廣泛的使用。可以放在餐桌上用於春捲等油炸食品的調味。八角鹽也可添加極少量到甜品裡提味。製作香料鹽的方式有兩種。一種是將香料磨成粉末狀再和鹽混合，另一種則是將鹽和香料密封在一起，使香氣轉移至鹽上。

Recipie 1

花椒鹽

材料／鹽20g、花椒（僅取紅色果皮部分）1大匙
做法／將鹽稍微炒過，再和用研缽磨碎的花椒混合後即成。

Recipie 2

八角鹽

材料／鹽20g、八角（粉）1大匙
做法／將鹽稍微炒過，再和八角混合後即成。

利用「香料鹽」增添香氣的食譜

奶油起司佐金華火腿一口點心

材料（4人份）

奶油起司……125g
金華火腿……60g（切碎丁）
細香蔥……適量
橄欖油……適量
法國麵包……適量（切片後烤過）
花椒鹽（參考上方食譜）……適量

做法

1. 將奶油起司攪拌至滑順，拌入切碎的金華火腿。
2. 塗抹至法國麵包上，灑上細香蔥、橄欖油、花椒鹽。

輕輕鬆鬆就可完成的時尚小菜。
花椒鹽的香氣可襯托出麵包與起司的甜味。

3. 香氣萃取方式

甜味劑×香氣

砂糖、蜂蜜、楓糖糖漿、棕櫚糖漿、龍舌蘭蜜……長久以來人類持續地追求甜味，尋找材料，並改良種植及採集的方式。甜味劑主要有單醣類和雙醣類。雖然糖本身沒有香氣，但加熱後所產生的香氣被廣泛用於飲食上。

本章將針對數種甜味劑介紹它們不同的特色，以探討香氣與甜味的關係。

我們常說「甜甜的香氣」，但其實砂糖本身並沒有香味。話雖如此，有些香氣能夠加強甜味，而且加熱後的砂糖也會散發出香氣。

體驗主題

加熱砂糖可產生香氣

感受焦糖化反應所創造出的美味

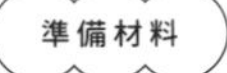

細砂糖 4大匙

水 3大匙

小鍋子

1. 首先聞聞看砂糖，
可發現砂糖本身並沒有香氣。
2. 將水和砂糖放入小鍋子裡用小火加熱。
不要攪拌，一邊輕晃鍋體一邊加熱。
3. 待水開始沸騰產生氣泡，液體會開始轉成褐色，
此時會散發出甜甜的香氣。
4. 加熱至160～185°C便會呈焦糖糖漿的狀態。
最後可加點熱水去調整稠度。
小心不要過度加熱，會導致變稠黑化。
5. 冷卻後用小小匙舀一杓含至口中。

不僅香氣有所變化，味道也變得帶點微苦。
香氣和味道都改變了，和砂糖原本的風味截然不同。

★ 焦糖糖漿可為布丁和鬆餅畫龍點睛。原本沒有香氣的砂糖在加熱後產生了焦糖化反應，創造出複雜的香氣及風味。關於焦糖化反應詳見p107的介紹。

Q 有可增強甜味的香氣嗎？

想想香草、肉桂和大茴香……就能理解香氣和甜味間會互相影響。

〈天生就愛的「甜味」〉

五種味覺當中，甜味據說是人類天生就喜歡的味道。

為了研究新生兒對味道的反應，有一項實驗拍攝了嬰兒嚐到鹹味、酸味、苦味和甜味等味覺時的臉部表情。就算是僅出生一兩個小時的嬰兒，也會在嚐到甜味時報以微笑。人類之所以具有這種本能上的偏好，是因為糖能帶來生存所需的能量，因此甜味被認為能讓人感受到生理上的美味*[1]。

甜味能為人們帶來笑容，那麼，有能夠加強甜味的香氣嗎？

〈香氣會增強甜味〉

研究顯示，在香草、肉桂、大茴香和八角等香料溶液中加入 5% 的砂糖會比不加香料的糖水感覺起來更甜。當你想為食物稍微減糖時，似乎只要添加這些香料，就可減少糖的用量*[2]。

另一項研究顯示，大茴香、西芹、檸檬香茅、肉荳蔻皮、烏龍茶和罌粟籽可增強甜味*[3]。

〈甜味會影響香氣〉

反之，甜味也會影響香氣。一項使用有如香蕉香味的「乙酸異戊酯」的實驗結果發現，口中所感受到的果香風味強度與蔗糖的甜味以及味覺息息相關。原因或許是因為我們從未體驗過「不甜的香蕉」，因此，如果我們無法在感受香氣的同時也感到甜味，我們可能很難想起「香蕉的香氣」。

人所感受到的「風味」源自嗅覺和味覺的相互平衡。

*1 然而，擁有甜味的物質不一定對人體來說是種營養。也有一些有毒的甜味物質。以往在開發甜味劑時會特別注意這點。

*2〈各種運用香料的烹飪中甜味的增強效果〉石井克枝等，第57屆一般社團法人日本家政學會研究報告摘要

*3〈辛香料的食品成分對味覺的影響〉佐佐木公子等，美作大學及美作短期大學紀要第60卷（2015年）

表 1　糖水加熱後外形與香氣之變化

溫度	狀態	用途
103℃～105℃	從鍋底開始冒出大小圓形氣泡。呈無色透明、易溶於水。	可用於糖煮水果或是添加於飲料中。
107℃～115℃	氣泡開始變多。冷卻後會產生些許拉絲現象。急速冷卻後質地仍柔軟。	急速冷卻並攪拌後製成日式糖霜或翻糖糖霜（Fondant）。
140℃	黏性開始變強。急速冷卻後質地會變硬 很難用指尖捲起。	做成太妃或糖果。
145℃	產生有黏性的細小氣泡。冷卻後會呈玻璃狀。	做成水果糖。
165℃	全體呈淡黃色。冷卻後會變成堅硬的糖果。	做成黃金糖。
165℃～180℃	呈淡褐色帶有香氣。黏度降低。	做成焦糖醬。
190℃～200℃	冒出帶焦臭味的煙。變成黑褐色。	用來著色的焦糖。

砂糖加水加熱至不同溫度，形狀和香氣會產生相當大的變化。製作甜點時會利用砂糖的這項性質去進行烹調。

Q 砂糖有香氣嗎？

加熱後，
焦糖化反應會產生香氣。

《焦糖化反應產生香氣》

正如在實戰體驗⑨（⇒見 P105）中所示，糖（蔗糖）本身並沒有香氣。然而，不可思議的是，當我們開始加熱砂糖時，會破壞掉單一的分子，產生出數百種芳香物質。這種化學反應會導致香氣的變化，產生苦味和酸味，同時顏色會產生褐變，被稱爲「焦糖化」。

焦糖化變化除了會產生帶有甘甜香氣的「麥芽醇」和「異麥芽酚」外，還包括帶焦味的甜香「葫蘆巴內酯」、果香的「酯類」和「內酯類」、以及具花香、奶油般香氣的「丁二酮」等，建構出複雜的香氣。

此外，當與其他含有胺基酸成分的食材或調味料一起加熱時，除了焦糖化反應外，還會產生梅納反應（⇒見 P46），添加含有硫和氮的香氣。

表 1 整理出了加熱過程中溫度上升時糖的狀態。隨著溫度的上升，糖會轉化成糖漿、糖飴以及焦糖狀。在烹飪和製作甜點時可分別使用不同狀態的糖去增添風味和著色。

《黑糖的香氣》

砂糖家族可分爲含蜜糖和分蜜糖。最典型的含蜜糖就是黑糖。含蜜糖是將甘蔗榨汁去除雜質後，直接濃縮冷卻而成的糖，蔗糖占比約 8 成，較分蜜糖礦物質含量多，也因此帶有苦味和澀味。

有一派理論認爲，日本最早生產非進口的砂糖之地是琉球王朝。據說 1623 年，琉球王朝派遣使者到中國福建學習製糖方法，因此製造出黑糖。雖然黑糖的香氣和顏色會因產地（品種和生長環境）而異，但一般來說，黑糖香氣成分的特色是吡哄類和苯酚類所具有的獨特的焦香香氣和甜味所混合而成的風味。

column

冰糖和梅酒的風味

每年六月，許多人都會在家裡自製梅酒。

製作梅酒的標準原料是燒酒、青梅和冰糖。但為什麼是使用冰糖，而不是細砂糖或上白糖？ 首先，製作出美味梅酒的關鍵，在於將青梅中所含的香氣分子徹底地析出至酒精中。酒精要先滲透到高滲透壓的梅子果實中去捕捉香氣分子。另一方面，梅子周圍的燒酒糖度會隨著冰糖融化而逐漸升高。而以梅子的外皮為分界點，當外側滲透壓增加時，飽含梅子香氣的酒精就會滲出外皮。

因此使用融化需要時間的冰糖有助於萃取梅子的香氣。

運用砂糖

運用砂糖之力鎖住水果和花的風味。

砂糖是以蔗糖（葡萄糖和果糖結合的雙糖類）為中心的甜味劑的統稱。細砂糖含有 99.95% 的蔗糖，上白糖含有 97.8% 的蔗糖。

由於單醣類的果糖具有很強烈的甜味，因此由蔗糖分解出的轉化糖吃起來會更甜。要感受到蔗糖的甜味需要一點時間，但相對來說較為持久。另一方面，果糖的甜味很立即，但不持久。此外，雖然我們常形容「砂糖般甜美的香氣」，但其實蔗糖本身並沒有香味。

許多植物中都含有蔗糖，但只有少數植物可以萃取糖做成調味料。禾本科的多年生植物甘蔗和甜菜便是其代表。將榨汁加熱濃縮後可獲得原料糖，再經不同步驟去製造出調味用的糖。

〈砂糖的功能〉

蔗糖除了提供甜味外，在烹調時還具有各種功能。砂糖具有吸水的特性，因此具有 ① 抑制微生物的繁殖，提高保鮮性 ② 維持蛋白霜和鮮奶油的泡沫結構穩定 ③ 抑制澱粉的老化 ④ 軟化肉類 ⑤保持食物的香氣成分等功能。

〈糖漬花與水果〉

糖漬後的花和水果香氣濃郁，兼具延長保存期限以及增添風味、口感獨特的優點，因此長久以來各國都有製作花和水果蜜餞的傳統。其中又以 19 世紀奧匈帝國伊莉莎白皇后熱愛糖漬香堇的軼聞特別廣為人知。

製作方法有兩種，一是用高濃度的砂糖糖漿煮過後乾燥，或者用蛋白和細砂糖去製作。使用後者的方法時，蛋白不僅可幫助糖的附著，還具有抗菌作用。

運用「砂糖」保存香氣的食譜

糖漬麝香葡萄

材料

麝香葡萄……適量
蛋白……蛋1顆的量
細砂糖 ……適量
香檳……適量

做法

1. 麝香葡萄裹上蛋白後灑上砂糖，置於網上乾燥至砂糖呈脆硬狀態為止。可用電扇或者循環扇吹以縮短所需時間。

＊可以直接當成甜點食用，或者放入香檳中。

咬一口麝香葡萄，唇齒留香，果香四溢，
是一道多汁又清爽的點心。

column

砂糖甜味的傳播

西元1世紀，當亞歷山大大帝在東方遠征中抵達印度時，他從家臣那裡收到報告：「有不需要借助蜜蜂便可自蘆葦取出的蜜」，據說這便是歐洲和「砂糖」的第一次邂逅。

甘蔗被認為自數千年前起就已從太平洋諸島開始四處傳播，當時在印度已經被用來製作甜味劑。羅馬藥理學家迪奧斯科里德斯將印度的糖比喻為像鹽一樣粗糙的「一種結晶化的蜂蜜」。蜂蜜是當時歐洲常見的甜味劑。人類自史前時代起就會自野生蜂巢採取蜂蜜，古埃及的養蜂技術也傳入了古希臘和羅馬。

砂糖是歐洲甜點文化不可或缺的要素，但其實砂糖要從中世紀中期以來才開始被普遍使用。最初，糖是從阿拉伯經亞歷山大，再從威尼斯的貿易中與香料一起輸入的藥物。之後，被用來當作甜味劑的砂糖廣受歡迎，開始流傳到各地。據說，在1287年的英格蘭皇宮，一年會使用300公斤的白砂糖、140公斤的香堇砂糖和860公斤的玫瑰砂糖。

15世紀義大利開始出現購買甘蔗製造砂糖的糖廠，此時不僅上流階級，連一般家庭的餐桌上都經常看到砂糖的蹤影。此時甜點製作的技術和藝術性也開始變得益發洗鍊。

16世紀，在歐洲國家殖民統治下的殖民地農園開始種植甘蔗，砂糖的消費量也因此大量增加。18世紀歐洲砂糖消費量呈爆炸性成長的背景便是殖民統治下的奴隸制度。

*

砂糖傳入日本則是在8世紀的奈良時代時。在那之前，甜味的來源主要是水果。到了15世紀，隨著茶道的發展，日式和菓子也開始蓬勃發展。到了16世紀南蠻貿易[22]的時代，有許多大量使用砂糖的歐洲甜點如蜂蜜蛋糕也傳入了日本。

甘蔗是砂糖的原料，數千年前的太平洋諸島就已知利用這項農作物。

Q 蜂蜜香氣的真實身分是？

蜂蜜的香氣來自於蜜蜂採蜜時的花香。

古埃及時期的蜜蜂甚至被用於皇室的徽章。在萊克米爾[23]（Rekhmire）的墳墓中亦可見到養蜂的壁畫，顯示自古以來就知養蜂。

蜂蜜含有高濃度的糖分，是一種保存性高、風味豐富的食品。它含有微量的維生素、礦物質和多酚等成分，長久以來一直被定位爲一種藥物。將田野裡盛開的花產生的花蜜加工成「蜂蜜」的並不是人類，而是小小的蜜蜂們。據說，我們現在所看到的蜜蜂，是大約於 500 萬年前出現在地球上的。

〈蜜蜂如何製作蜂蜜〉

大家都知道蜜蜂有一些非常特別的生態，但其實蜂蜜的製作也非常有組織性，相當有趣。

天然花蜜的含糖量約在 7% 至 70% 之間。飛到花叢間的蜜蜂，首先會選擇可搬運範圍內含糖量高水分少的花蜜，放入自己體內儲藏花蜜專用的器官「蜜胃」後帶回蜂巢。據說一隻蜜蜂每天往返 25 次所帶回的花蜜約爲 0.06g。

在蜂巢中，負責儲存蜂蜜的「品質管理員」正在等待這些運回的花蜜。這些內勤的蜜蜂也會先把從外面運來的花蜜放到自己的「蜜胃」裡（有趣的是，如果帶回的花蜜品質太低，品質管理員蜜蜂便不會從外勤蜜蜂那裡接收花蜜。如此跑外勤的蜜蜂便會陷入困境，據說他們會四處打轉找尋缺乏經驗，不會分辨品質差異的蜜蜂去接收自己採的蜜）。

收到花蜜的內勤蜜蜂會反覆蒸發水分，當含糖量升高至 50% 以上時，它們就會被儲存在巢洞中。蜂巢中心的溫度爲 35° C，通過蜜蜂們的拍打翅膀通風，最終完成的蜂蜜含糖量約爲 80%。此時，蜜蜂會自體內分泌蜂蠟，薄薄地覆上巢洞密封起來，以阻止水分進入。

〈蜂蜜的香氣就是花的香氣〉

蜂蜜甜蜜的香氣廣受到人們喜愛，但其香氣的來源是？蜜蜂在對花蜜進行加工時，是否賦予了來自蜜蜂的香氣分子呢？

有一個實驗設計了一種機關，讓蜜蜂只能吸取蔗糖溶液而不是花蜜，避免來自外部的香氣混入影響實驗結果。實驗結果顯示，最終蜂蜜的香氣成分與準備的蔗糖溶液相同，蜜蜂並不會賦予蜂蜜新的香氣。因此各種蜂蜜不同的香氣特徵完全只取決於花蜜和花粉。

蜂蜜的香氣通常包括焦糖般的香氣、香草般的香氣、果香、花香和奶油味，但因花蜜原料植物的不同，可產生的香氣種類亦相當廣泛。據說世界上有 300 多種植物會產生花蜜，除了蓮花、油菜花、相思樹、日本七葉樹和菩提樹外，被認爲特別珍貴的香氣還來自柑橘類植物和薰衣草等。此外，栗子和蕎麥花蜜的顏色偏深，帶點焦香的香氣，而當中所含的蛋白質被認爲會影響蜂蜜的氣味。

22 指16世紀中期至17世紀初期日本與葡萄牙、西班牙、中國間的進行的貿易。南蠻人指的是葡萄牙與西班牙人。

23 埃及十八王朝約西元前1400年時的貴族，圖特摩斯三世與阿蒙霍特普二世時擔任過底比斯的首長及維齊爾（類似宰相）。

運用楓糖糖漿

糖楓的樹汁經過加熱處理會產生獨特的複雜香氣。

楓糖糖漿是由槭樹科植物糖楓（Acer saccharum）等樹液長時間加熱濃縮而成的甜味劑。自古以來北美地區就會運用楓糖糖漿，在美國原住民的飲食中佔有重要地位。為了做出 1L 楓糖糖漿，必須用到 40L 的樹汁。不同於果糖及葡萄糖含量高的蜂蜜，楓糖糖漿含有大量的蔗糖。

由於加熱濃縮樹汁的過程中會產生焦糖化和梅納反應，除了來自樹汁本身，帶有香草般甜香的「香草醛」以及帶有花香的「丁香醛」外，它還含有焦香甜美香氣的「糠醛」和「葫蘆巴內酯」等，帶有複雜的香氣。楓糖是將楓糖糖漿進一步濃縮結晶化的糖。

＜香氣搭配＞

加拿大的楓糖糖漿產量居世界之冠。楓糖糖漿在加拿大除了被用作淋醬外，還會當成調味料入菜。搭配滋味辛辣的生薑，可讓楓糖糖漿的運用方式更加多元。

Recipie 1

生薑楓糖醬

材料／楓糖糖漿180ml、生薑（片）1／2片

做法／將所有材料放入瓶中放置約一週即成。可做為美式鬆餅或格子鬆餅的淋醬，也可加入熱水調成熱飲飲用或者用來製作肉類料理的醬汁或沙拉醬。

＊楓糖糖漿的蔗糖含量高，和酸混合加熱後會轉化為葡萄糖與果糖，烹調時不僅會產生焦糖化反應，也較容易產生梅納反應（見p46）。楓糖糖漿和醋一起加熱後可做出風味豐富，適合搭配肉類料理的醬汁。

活用「楓糖糖漿」香氣的食譜

嫩煎豬排 佐生薑楓糖醬

材料（2人份）

豬肩里肌肉……2片（約160g／片）
鹽……2／3小匙
黑胡椒……少許
洋蔥……小顆1顆（切成2cm厚的輪切片）
義大利菊苣……1／2顆（切半）
橄欖油……1+1／2大匙

生薑楓糖醬的材料

生薑楓糖糖漿（請參考上述食譜）……50ml
白酒醋……50ml
奶油……6g
鹽……少許

做法

1. 豬里肌肉灑上鹽和黑胡椒，平底鍋放一匙橄欖油後下去煎，煎好放置網上用鋁箔紙蓋住。
2. 製作生薑楓糖醬。在煎完 **1** 的平底鍋裡加入生薑楓糖糖漿及白酒醋煮至濃稠，溶入奶油，再用鹽調味。
3. 平底鍋裡加入1／2大匙橄欖油，慢慢炒熟洋蔥和義大利菊苣。放入盤中和**1**一起盛盤，再淋上**2**。

楓糖糖漿的濃郁風味和辛辣的生薑簡直是天作之合。
醬汁和嫩煎豬排形成了絕妙的搭配。

4. 香氣文化學

木 × 香氣

在生活的各種層面上，我們都會用到樹木。樹木的細胞壁主要由纖維素、半纖維素和木質素組成，這些成分雖然難以消化因此不能當作食材使用，但樹木長久以來在烹飪及釀造的過程，以及用餐時都扮演著重要的角色。

賦予香氣亦是樹木的功能之一。除了樹幹和樹枝外，其葉片和果實也為飲食生活帶來了豐富的香味。

在本章中，我們將討論樹木在飲食文化中的運用與香氣之間的關係。

Q 如何運用樹木的香氣？

自古以來，樹木一直被用於製作烹調器具、食器餐具以及增添食材的香氣。

〈烹調器具與木材香氣〉

日本的生活當中運用了許多芬芳的樹木，常見的木頭包括檜木、杉木、松木、日本厚朴、楠木和烏樟等。在廚房裡，木製烹調器具及食器餐具也因爲帶有淡淡的香氣和抗菌作用而受到相當的重用。

一提到烹飪時少不了的木製器具，應該首先就會想到砧板吧。砧板的紀錄可以追溯到奈良時代，在室町時代也有廚師用四足砧板調理魚的紀錄。

製作砧板的木頭種類包括檜木、日本厚朴、桐木、銀杏和桂木等。特別是檜木，不僅在質地、硬度、耐久性、顏色等各方面皆屬上乘，還帶有α-蒎烯和α-杜松醇等香氣分子，具有清新的香味和抗菌作用，長久以來一直備受廚師喜愛。

此外，用於蒸製菜餚的蒸籠通常由檜木、杉木或竹子製成。杉木製的蒸籠一旦經過加熱，就會飄散出強烈的杉木香氣。

有時候，木製的器皿會是首選的食器。一般來說，酒杯大多用玻璃或陶瓷製成，但在日本，飲用清酒時也會使用木器——檜木木枡，這是因爲檜木香氣能賦予清酒獨一無二的風味之故。

〈使用葉和芽的智慧〉

各地都流傳著利用樹葉的香氣及抗菌作用製作的傳統料理。

＊朴葉味噌＊

岐阜的「朴葉味噌」便是利用樹葉香氣來烹飪的當地美食。

日本厚朴是木蘭科的落葉喬木，分布於日本各地的山區與平原，葉子大而結實，長約 20 ～ 40 公分並帶有香味，長久以來都被用於包裝食品，如飯糰和小菜。因其具有防腐作用，也被用於製作朴葉壽司和朴葉餅。

製作朴葉味噌時使用的是乾燥的落葉。將蔥切碎和味噌一起盛到葉子上，放到網上用小火烘烤，葉子便會散發出令人食指大動的香氣，相當下飯（乾燥的葉片在使用前先泡在水中數分，再擦乾表面的水分後即可使用）。

＊柏餅＊

在一項針對關東地區大學生詢問一提到「用葉片包起的日式點心」會想到什麼的調查中，大多數人的回答都是「柏餅」，而柏餅最廣爲人知的一點就是它是端午節時會吃的日式點心。用來包柏餅的葉片來自槲樹，是一種落葉灌木，葉子相當芬芳。製作柏餅時，要先將嫩葉稍微水煮過後瀝乾水分，再包裹用上新粉製成的麻糬去蒸製。槲樹的葉片在日本自古以來一直被用來當作盛裝酒和飯的食器，據說槲樹（KASHIWA）的語源便是「炊葉（KASHIIHA）」。

＊楤木芽＊

楤木屬於五加科，是高約 2~6 公尺的落葉闊葉木。楤木是野生的木種，從春天到初夏長出的新芽獨具風味，是一種很受歡迎的山菜，可做成天婦羅或水煮後拌芝麻醬食用。

運用杉木板

將樹木做成烹飪器具以享受木材香氣的作法仍傳承至今。

〈杉木燒的傳統〉

有一種方法可將木材「好聞的香氣」當作烹飪器具來使用——那就是烹飪時將金屬製的鍋或平底鍋改用木材來代替。日本料理史中可見將食材放在杉木板上加熱的燒烤調理法，流傳下來的名稱包括「板燒」、「杉燒」、「杉板燒」和「折燒[24]」等名稱。

江戶時代代表性的食譜《料理物語》（1643年）中簡明扼要地描述了當時的常見食材和烹調方式。在「烤物」一章中，有關於「折燒」的描述：「在杉木木板上排放好後去烤」。更晚的《萬寶料理秘密盒》（1785年）的「雞蛋百珍」一卷中，除了「杉燒蛋」之外，還可以看到使用杉木燒烹調的食譜。室町時代的紀錄中也可找到放在杉木板上烤的菜餚。

〈現代的杉木燒〉

到了現代，杉木燒被認爲是「將魚、肉、貝類、蔬菜等用杉木板夾住，或者塞在杉木盒中燒烤，將杉木香氣轉移至食材當中獨具風味的烤物」。利用身邊容易取得的木材，爲食材或調味料增添香氣的烹飪方法，跨越了時代持續傳承至今。

順帶一提，近來很流行使用木板去烤肉。做法爲將調味好的雞肉或魚放在杉木板等木板上，再放到火上烤。下列食譜中便是一道能充分享受木材香氣又富有野趣，也很適合當成烤肉主菜的「杉木燒」。

活用「杉木板」香氣的食譜

杉木板烤鮭魚

材料（6人份）

鮭魚（帶皮）……800g（去骨）
鹽……10g
檸檬……1顆（切半）
木炭……適量

做法

1. 將鹽撒上鮭魚後稍微搓揉一下。
2. 杉木板吸水後放上鮭魚，再放上已經升好火的烤爐，蓋上蓋子。用中火和檸檬一起烤。待鮭魚烤熟即成。

24 日文原文為へぎ焼き。

挑戰現代版的杉木燒。
增添了杉木香氣的鮭魚別具滋味。

Q 利用木頭香氣做成的酒？

製造聞名世界的名酒時會利用到橡木和杉木等木材的香氣。

〈橡木桶〉

觀察世界名酒的製造工程，可發現在發酵和蒸餾後的熟成階段，會下功夫進一步去增添豐富的香氣。除了成分本身隨著時間所產生的變化外，最大的影響要素是來自容器的木桶所轉移的香氣。

葡萄酒、白蘭地和威士忌（⇒見 P72）都需要裝桶熟成。歐洲地區會使用橡木（櫟木）桶來熟成葡萄酒和蒸餾酒。要使用全新木桶還是再次填充的木桶，以及使用前內部是否烘烤……這些決定都會影響到成品的香氣。如果使用全新木桶，就可將非常明顯的木材香氣轉移至酒當中。此外，烘烤木材亦可促進新的香氣分子之生成。

樹木細胞壁中的木質素由各種分子所連接而成，其結構就算在天然化合物當中亦可說是相當複雜。燃燒木質素會產生癒創木酚（藥劑類的煙燻香氣）、香草醛（香草般的甜香）和異丁香酚（辛辣的香氣）。

〈吉野杉木桶〉

江戶時代的日本，所有的酒都是儲存在杉木或檜木桶中的桶裝酒。直到江戶時代晚期爲止，在江戶飲用的酒都是從上方地區[25]的酒廠花費 5~10 天運送而來的「下行酒」，因此一般喝的酒都含有來自木桶所轉移的香氣。現代的酒雖多以玻璃瓶包裝販售，但桶裝酒的風味仍然受到青睞。

桶材的香氣會因產地和木材的製作方法而異，據說製作酒桶最頂級的木材是樹齡介於 60~90 年間的吉野杉甲付材（外層呈白色，內層偏紅）。

裝桶前的清酒和桶裝酒之間的香氣有何差別呢？有一個實驗將清酒在 15° C 下裝桶儲藏兩周後再分析其中的香氣成分，發現桶裝酒中可測得來自杉木的倍半萜類以及倍半萜醇類的香氣分子。根據天數長短和溫度（4° C、15° C 和 30° C）不同，香氣的轉移程度亦有所不同。酒精濃度越高，所萃取出的香氣分子就越多，這也是因爲香氣分子具有比起水更容易溶於酒精的性質之故（⇒見 P66）。

〈桶裝酒和料理〉

俗話說「吃鰻魚就是要配桶裝酒」，但這有任何根據嗎？這和「香氣」的功能是否相關？

雖然我們沒有找到任何科學實驗能證實桶裝酒的香氣能讓鰻魚吃起來更美味，但根據關於桶裝酒和料理適性的研究結果顯示，桶裝酒具有緩解油膩的功能*[1]。比較吃了美乃滋後喝水、普通酒以及桶裝酒的結果，口中感覺最爲清爽的便是桶裝酒。經過調查，這是因爲桶裝酒較易將油脂乳化之故。因此，當享用富含油脂的菜餚時，不妨先試試搭配桶裝酒吧。

＊1 〈桶裝酒對食品中的油脂和鮮味之影響〉，高尾佳史，釀協，第110卷，第6期（2015年）

Q 葡萄酒的「軟木塞香氣」會影響葡萄酒的香氣嗎？

不能說「沒有」。以下便舉兩個例子來看軟木塞對香氣的影響。

《帶松脂香氣的葡萄酒》

說到葡萄酒生產國，人們首先會想到法國、義大利和西班牙，但其實希臘才是歐洲最早的葡萄酒生產地，他們早在西元前 1500 年時就會釀造葡萄酒了。

希臘有一款自古流傳至今，利用木材香氣所製成的風味葡萄酒，這種白葡萄酒具有松脂風味，稱作「松脂酒[26]」。古希臘時期，在儲存和運輸葡萄酒時會使用「雙耳瓶[27]」，這是一種帶有兩個把手的素面陶器。而據說松脂酒便是因爲當時用松脂來密封所產生的。松脂原本只是用來密封酒瓶的酒塞，卻在無意中賦予了葡萄酒獨特的風味，成就了松脂酒獨一無二的吸引力。現今在松脂酒的製造過程中，會在葡萄汁中加入松脂以增添風味。

松脂的香味含有大量聞起來像針葉樹的香氣「α - 蒎烯」。針對 α - 蒎烯的研究顯示，在嗅聞這種氣味 90 秒後，可觀察到自律神經活動的變化，可能具有舒緩心神之作用。或許人們之所以喜歡松脂酒，便是因爲從松脂酒的獨特香氣中感受到某種安定精神的效果也說不定。

《軟木塞的加工與香氣》

葡萄酒酒塞和葡萄酒香氣間的密切關係從古希臘時期一直延續到後來的時代。在現代，針對用於葡萄酒酒塞的軟木塞之氣味開始受到了質疑。

自古羅馬以來，歐洲葡萄酒在儲存及運送時一直都是使用木桶。木桶由木板製成，運輸上雖然方便，但從防止氧化的角度來看並不十分優異。現代常見的「玻璃瓶 + 軟木塞」形式要到 17~ 18 世紀才出現。正因爲有了這項創新，我們才能爲了維持風味或者增進風味以年爲單位長期儲存葡萄酒。製作軟木塞的材料爲栓皮櫟的樹皮。

然而，人們開始發現，這種由軟木塞所衍生出的香氣分子對葡萄酒品質有著負面影響。法語中被稱爲「軟木塞味（Bouchonne）」，聞起來是一股發霉的臭味。導致這項氣味生成的原因不止一個。以前認爲這種令人不快的氣味是因消毒氯化處理時所產生的 TCA（2,4,6- 三氯苯甲醚）所導致，但也有報告指出，在栓皮櫟當中發現了 TCA 的存在。

由於 TCA 的閾值較低（⇒見 P29），因此即使含量甚微，人也很容易感受到。此外，已知 TCA 除了本身帶有異臭，同時還會影響嗅覺，掩蓋掉其他香氣。據說 1~5% 的葡萄酒會產生這種污染，因此也有許多人提倡用旋轉瓶蓋取代軟木塞。提倡軟木塞以外的理由除了 TCA 之外，尚有其他原因，現在還在摸索最佳方案當中。

木材亦被運用於製作葡萄酒的酒瓶塞。

25 上方指首都圈，江戶時代的上方指京都大阪一帶，廣義的上方包含近畿地區。

26 Retsina。

27 Amphora。

Q 黑文字(烏樟)是什麼樹？

烏樟帶有有花香，可用來入藥以及製作餐具。

〈帶花香的樹木〉

烏樟（黑文字）是樟科的落葉灌木，國內的產地從北海道部分地區到九州皆有生長，分佈相當廣泛。

其枝條帶有花朵般的甜美馨香。這是因爲它含有大量的香氣分子「芳樟醇」，這種成分在薰衣草和鈴蘭中亦可找到。齋藤 TAMA 在《筷子的民俗誌》針對烏樟有著下列記述：「雖然山中有不少樹都會散發香氣，但沒有一種樹的香氣能比得過烏樟」。

〈烏樟筷、藥材、酒〉

烏樟的枝條也被用於製作日常餐具。有許多地區流傳著只要使用烏樟筷就不會蛀牙的說法。

此外，烏樟的樹皮可煎製成傷藥或者治療腹痛。由樹幹乾燥而成的中藥藥材稱爲「烏樟」，烏樟所具有的抗菌效果以及生物活性，與其說是透過知識的傳授而廣爲流傳，不如說是人們從山林當中累積的經驗當中所獲得的智慧。

我們可以利用其芬芳的香氣製作風味酒（Infusion）（收集樹枝折成小段放入容器，加入冰糖和燒酒等蒸餾酒浸泡數月即成）。

〈黑文字籤〉

然而，現代一般提到「黑文字」，大多數人第一個想到的應該是吃日式點心時所附的「黑文字籤」吧。由於烏樟富彈性不易折斷，因此一直是製作高檔牙籤的上選。

江戶時代的本草學者貝原益軒在《大和本草》中也寫道：「冬落葉。皮偏黑。帶香氣。故用於製作牙籤」，可見烏樟在當時就已經被視爲是用來製作牙籤的材料。

關於黑文字籤的起源說法不一，井伊直弼的《閒夜茶話》中記載了一則趣聞，據說茶人古田織部的庭園裡種植了烏樟，用折下的樹枝製成牙籤後散發出芬芳的馨香，這便是使用烏樟製作黑文字籤的濫觴。

〈日本山林的香氛〉

在前述的《筷子的民俗誌》一書中可找到烏樟果實的使用方式。根據秋田縣一位出生於明治 24 年的女性之口述，過去會把果實乾燥後蒸過榨出「香油」再塗抹於頭髮上。

烏樟果實的籽當中含有超過 30% 的「橙花叔醇」，其香味獨特，而這種香氣成分也能在苦橙花（Neroli）當中找到。原來日本過去也有這種從山林的樹木中尋找橙花叔醇的香氣並用來當作香水的文化。

column

如何製作黑文字籤

「首先選擇大約手指粗的烏樟樹枝，保留樹皮先大致削出形狀，再去細切，並確保每一根木條都要帶有樹皮。接著使用稱為「銑」的鐮刀工具，將木條削成相同的厚度。將削成相同厚度的材料推過間距設定為牙籤長度的兩片刀具之間，將木條切成相同長度（牙籤長度）且厚度為牙籤厚度的長條形木棒。最後用小刀從三個方向將尖端削成三角形狀，黑文字籤便告完成。烏樟是聞起來非常香的木材，在製作過程中也會散發出很香的香氣。（後略）」

引用自稻葉修所著之《牙籤裡看世界》（冬青社）

茶湯與「利休筷」

在檢視日本筷子的歷史時，不可不提到安土桃山時代。大約在此時，千利休繼承了「侘茶」的概念，將其獨特的美學意識和價值觀發展至極致，奠定了茶道的地位。

日本茶道中，在享用抹茶前上的料理基本上包括一汁三菜，被稱為懷石料理（「懷石」一詞之意來自修行中的僧人將石頭加熱後放入懷中藉以忍耐饑餓）。料理的份量不多，富有季節感，並包括了許多能展示主人細心款待之意的各種要素。

據說，千利休在茶事前會為了當天的客人親手將香氣濃郁的吉野紅杉木削成筷子。用杉木製成的筷子不僅帶有清香，也是世上獨一無二的筷子，在一期一會的茶事中，被視為相當重要的「款待」之一。利休設計的筷子中間粗兩頭細，且面經削平，被稱為「利休筷」，一路傳承至今。

4. 香氣文化學

歷史 × 香氣

接下來我們將自「食物中的香氣」的觀點切入重新審視歷史。一直被我們視為理所當然的香草植物、香料等食材的香氣當中亦隱藏了數千年之久的歷史故事。在過去，這些香草植物及香料究竟是如何被當代的人所運用的呢？當時的人又是抱持著何種價值觀去看待這些香氣？而這些背景又以何種形式傳承至今？

本章旨於加深讀者對人類自古以來所珍視之食物香氣的理解，並進一步活用於創造及提供料理上。

Q 古希臘和羅馬時代的人也很享受香氣嗎？

在這個時代亦可覓得與現代共同的香氣文化根源

〈愛好玫瑰的根源〉

在學校的歷史課上我們都學過「開啟歐洲近代文化的文藝復興運動，其目標爲回歸古希臘和羅馬文化」。這個遙遠時代的思維方式和價值觀，對於在這之後出生的歐美人士（以及生活在日本的我們）來說，似乎仍持續發揮其影響力。

舉香花的代表「玫瑰」爲例，當你想到玫瑰時，你是否感覺它不同於其他的花，擁有著一種特別的形象呢？ 其實這種形象的萌芽可追溯至古希臘羅馬時代。

據說古希臘時代欣賞玫瑰的方式著重於「香氣」，而非其顏色和形狀。現在已經發現了人類在西元前 12 世紀時就已經會運用玫瑰香氣製作香油的紀錄。

在隨後的羅馬貴族文化中，玫瑰越來越受歡迎，並開始廣爲傳播。奧古斯丁皇帝統治下的羅馬是羅馬的全盛時期，此時對貴族和富裕的公民來說，玫瑰已經從奢侈品變成了生活必需品。爲了家中能隨時備有鮮花，玫瑰的栽植相當風行，據說假日時在玫瑰園中度過已成了一種流行。

而餐桌上當然也少不了玫瑰花的存在。除了將玫瑰花瓣加入蜂蜜及果凍中製成甜點外，葡萄酒中也漂浮著玫瑰花瓣。這些貴族對玫瑰的狂熱，被認爲是現代人對玫瑰另眼相待的根源。

〈古羅馬使用的香草植物〉

爲了瞭解古羅馬的料理，可以參考阿庇基烏斯的《論烹飪》。阿庇基烏斯是羅馬知名的富裕美食家，但實際上並未留下他生平的詳細資料。一派學說認爲他生活於西元前 80 ~ 40 年左右，而書的編纂則是在西元 4 世紀之時。一般認爲這本書並非由單一作者完成，應是隨著時代推移，由複數人所添加而成。

閱讀此書你會發現一些我們十分熟悉的香草植物，其實遠自羅馬時期已經開始運用了，包括生薑及胡椒、荳蔻、八角（大茴香）、茴香、凱莉茴香，孜然、香葉芹、薄荷、鼠尾草、百里香、奧勒岡和檸檬香茅等。

現今義大利料理中常用食材代表之一的羅勒，在阿庇基烏斯的食譜中並不顯眼。後世用來製作苦艾酒等藥草系利口酒的材料苦艾，也是從這個時代就開始使用了。

此外書中還記載了用椰棗、乳香以及番紅花浸漬而成的葡萄酒食譜，以及用大量玫瑰和香堇花瓣浸泡析出花香的葡萄酒食譜。當時的人似乎也很喜歡加入蜂蜜調味。食譜中還有著「一定要選用最上等的花，並仔細拭去花瓣上的露水」等記載，展現了熱愛玫瑰的羅馬人對玫瑰無微不至的關注。

運用具有豐富歷史的香料——胡椒

現今家家戶戶廚房都有的胡椒曾經是震撼歐洲的貴重香料。

〈改變歷史的香料〉

當我們追溯香氣的文化歷史時，有時會聽到「香料改變了世界歷史」的說法。這是因爲自15世紀中葉開啟的大航海時代，歐洲國家開拓新航線的目的之一便是直接獲得來自亞洲的香料之故。

從葡萄牙成功經由非洲南岸抵達印度起，歐洲各國入侵海外的活動便逐漸開始升級，最終導向了被稱爲香料戰爭的局面。

胡椒和其他香料自古以來早就傳入了歐洲。據說連希臘醫聖希波克拉底也推薦過胡椒粒用來入藥。然而，正如香料名字的拉丁語源「species」——意指「稀有物品」所示，在中世紀，香料是透過中東和近東地區輸入的奢侈品。當時香料從印度被運到亞歷山大，再從威尼斯運至歐洲各國。據說15世紀的法國在形容東西昂貴時有種說法是「像胡椒一樣貴」。在開闢新航線之前，每經過一次中間貿易商轉手，胡椒的價格便會升高一節。

〈渴望胡椒的原因〉

而至於爲何中世紀歐洲如此渴望香料，有一派長久流傳的理論認爲是因爲香料可用來做爲生肉及其他食物的防腐劑以及遮蓋開始腐壞的食材臭味，但這並非唯一的說法。

香料的使用除了可做爲「財富的象徵」，還有很大的一部分是具有醫學上的運用價值。中世紀歐洲受到古代醫生蓋倫的四種體液學說的影響甚鉅，當時的醫生會建議在肉類菜餚中使用大量的香料來促進消化。

活用「黑胡椒」香氣的食譜

黑胡椒烤雞

材料（2人份）

半隻雞……約500g
馬鈴薯……3顆（切成楔形塊）
鹽……5+3g
黑胡椒（粗粒）……適量
橄欖油……1+1大匙

做法

1. 雞肉灑上5g鹽放置約30分鐘。塗上1大匙橄欖油後灑上黑胡椒。
2. 將馬鈴薯裹上3g鹽及1大匙橄欖油。和**1**一起放入220°C的烤箱烤約25分鐘。

黑胡椒的香氣統合了整道菜的滋味。
用烤箱花時間慢烤可讓雞肉鮮嫩多汁。

column

傳說中的夢幻香草植物「松香草[28]」

「松香草」是一種植物，在古代北非的昔蘭尼加（現利比亞東部）可大量採集到。在希臘人建立了殖民地昔蘭尼後，松香草成了該地的主要出口產品，成了國家的代表性植物。除了莖部可以煮或烤來吃外，其根部擠出的汁液（laser）亦是相當珍貴的產品。

然而，由於這種香草植物很難栽培，當昔蘭尼加成為羅馬的領地時，野生的松香草遭到濫採，交易價格飆漲至與黃金相當的天價。為了有效地利用這種貴重材料，美食家阿庇基烏斯還介紹了一種將松香草和松子一起存放，之後不直接使用松香草而是使用吸取了松香草香氣的松子入菜的節約方法。

而後，被羅馬的美食家們採集殆盡的松香草漸漸地走上了絕種一途。

在松香草絕跡的數十年後，雖然發現了疑似松香草的最後一株香草，但被奉獻給當時的尼祿皇帝，終究沒有傳給後代。

這種讓羅馬美食家趨之若鶩的香草植物究竟有著何種香氣？據古代博物學家老普林尼而言，雖然風味不及松香草，但後來「阿魏（印地語中稱hing）」和大蒜被用來當作松香草的代用品。這兩者都含有硫化物，是香氣非常強烈的香料，因此可推測松香草的香氣應該也是相當強烈的。

原來也有因過度採集而消失匿跡的香氣呢……

Q 試試阿育吠陀的香料運用方式

阿育吠陀飲食法容易上手，可幫助健胃整腸。美味的飲食可守護身體健康。

〈何謂阿育吠陀〉

古代印度已經出現了在飲食中運用香草植物和香料的智慧。印度傳統醫學「阿育吠陀」是擁有3000年歷史的宏偉醫學體系。其中包括有助於促進日常健康的香料運用之相關智慧。

本節將介紹阿育吠陀所推薦的生薑運用法。

〈提升「阿耆尼」〉

阿育吠陀的理論中十分重視飲食生活中的「阿耆尼」。阿耆尼意即「消化能力」，但它不僅代表了胃腸的消化能力，同時還包括了吸收營養後將營養傳遞到每一個細胞的能力。據說，若能建立起正常的阿耆尼，就不會吃得太多，而是適當攝取自己身體所需的量。

如果阿耆尼因暴飲暴食或吃太多寒冷的食物而變弱，未消化的食物就會殘留於體內，導致衰老和身體不適。

生薑是一種有助於提高阿耆尼的香料。雖然許多菜餚都將生薑用於提味，但從阿育吠陀的角度來看，加入生薑不僅可增添香氣和風味，還可增加消化力和食慾，進而提升食物的美味度。

下面介紹如何透過一個簡單食用生薑的餐前習慣來改善阿耆尼的狀態。

column

「養成飯前食用生薑的習慣」可增強消化能力

阿育吠陀提供了許多香料運用上的智慧。此處將介紹一種運用生薑的餐前習慣，可調節消化系統，並賦予人體適當的阿耆尼（消化力）。

準備材料

生薑／岩鹽　極少量（亦可不加）／熱水

1. 飯前30分鐘切一片薑片。
2. 可選擇先灑一點岩鹽。
3. 把生薑放進嘴裏咀嚼後吞下。
4. 最後喝點熱水。

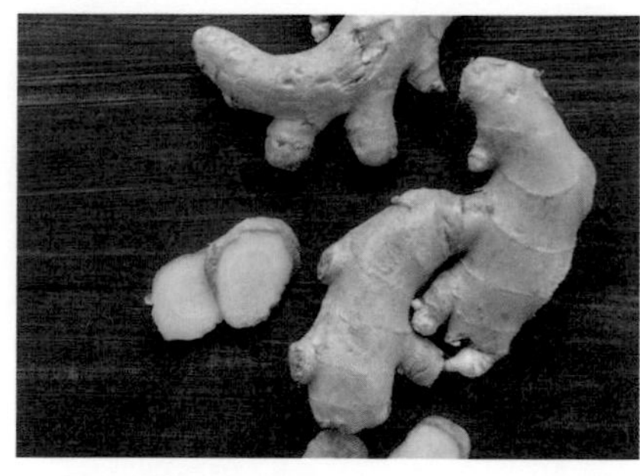

30分鐘後用餐時會產生適度的食慾。味覺也會變得比較敏銳，可配合自己需求狀態進食，不僅不會吃過量，還會覺得食物格外美味。

28 Silphium，古代植物名。

Q 回到17、18 世紀歐洲的香氣世界

中世紀大受歡迎的香料人氣開始衰退。新的香氣和美味取而代之傳播。

〈烹飪趨勢的變化〉

從中世紀到文藝復興初期，歐洲上流社會趨之若鶩並大量用於烹飪的香料類，在進入 17 世紀後，其受歡迎程度開始下降。這是由於在通往印度的新航線開通後，毋須經過中間商也能購得香料，香料價格下降，開始廣爲多數人所用，因此過往香料是來自遙遠外國的奢侈品形象也逐漸變貌。

法國烹飪的主流也從強調運用具異國風情的東方香料的菜色轉變成利用食材本身的風味，著重於提升烹飪技術的菜色。搭配菜餚的醬汁也從中世紀以來以香料和酸味爲中心的醬汁，逐漸轉變爲以高湯爲中心加入適度香料風味去製作出具稠度及濃度的醬汁。

17 世紀時，慕斯和果凍等口感柔嫩的食物在上層階級女性間蔚爲流行。當時由哲學家笛卡爾所提出的身心二元論相當盛行，有一派說法認爲此流行便是受到該理論影響，否定「咀嚼」這項生物功能以及食物與身體的關係性之故。

〈香草與可可〉

雖然自大航海時代以來，香料在歐洲上流階級的受歡迎程度開始下降，但也有一些自此時起始爲人所知的全新「香氣」——那就是原產於美洲大陸的香草和可可。香草（⇒見 P179）是原產於墨西哥附近的蘭科蔓性草本植物，其豆莢狀的果實加工後可做成香料。香草在哥倫布來到美洲後傳入歐洲，據傳是由西班牙人科爾特斯（Hernán Cortés）和自阿茲提克帝國掠奪的黃金一起帶回歐洲的。

可可是原產於中南美洲的錦葵科常綠植物，其種子經過烘烤等加工後可獲得製作巧克力的原料可可漿。在阿茲提克文明中，可可不僅是一種飲料，還會用於宗教儀式，在社會上也具有貨幣的功能，可說是深植於國家文化當中的食材。據說科爾特斯當時並不理解可可飲料的價值。阿茲提克人有時會將可可混合蜂蜜或當地的香料一起飲用。

〈巧克力的流行〉

此後，可可飲料「巧克力」從西班牙宮廷傳播至歐洲各地，其獨特的香氣和風味所帶來的魅力抓住了無數人的心。（巧克力的香氣在現代經過詳細解析後，從中發現了 380 種以上的成分，包括帶有巧克力味的「異戊醛」、醋般的香味「醋酸」、奶油般的香氣「丁二酮」，以及花香味「芳樟醇」等。）

巧克力在法國路易十四統治時的宮廷中也相當流行。位於絕對王權中心的凡爾賽宮是宮廷文化的核心，有許多貴族會流連此地每天宴飲作樂。據說當時從事宮廷宴會相關工作的人員可高達 2000 人之譜。

這種極盡奢華的皇室及貴族的生活方式以及對沉重賦稅的反彈導致了之後的法國大革命，但這場革命對烹飪史產生了重大的影響。由於皇室和貴族所雇用的優秀廚師在革命後失去了工作，全新的用餐場所「餐廳」才得以應運而生。此外，與貴族一起流亡的廚師也將法國料理傳播到其他國家。

column

法國料理的體系化與發展

社會學家普蘭（Jean-Pierre Poulain）在他的著作中指出，在17世紀下半葉可觀察到食譜的數量增加以及料理體系複合化的現象。

此時，法國料理的食譜被大量用文字記錄下來成書開始廣為傳播。菜色在此過程中經過了嚴密的「體系化（符號化）」。除了食譜之外，包括醬汁的製作方式以及搭配規則等皆開始定型化。

普蘭認為，雖然在法國烹飪界有「創作料理的時代在18世紀已告終焉」之說，但同時廚師亦獲得了一個可做為無限創造力基礎的語言體系。

這種將烹飪轉換為語言和資訊的趨勢變化，可視為之後對法國料理的發展有著巨大貢獻的要因之一。

Q 日本的季節感和風味間之關係性

日本的四季分明，透過食物的風味可傳遞季節的更迭。

日本列島的居民往往可透過食物的風味來察知季節的到來。日本俳句被認爲是世界上最短的詩，其規則是一定要使用「季語」，而許多季語便是歌詠食材以及飲食風景的文字。

〈繩文時代的季節感〉

造就日本人對季節之感性的關鍵因素之一或許來自於此地的風土氣候吧。針對繩文時代遺址的調查也發現繩文人已過著配合季節變化的飲食生活。

春天食用紫萁、蕨菜、野蒜，秋天則採集栗子、胡桃和橡實等樹果，捕捉溯流而上的鮭魚，而冬季則狩獵山豬和鹿。春到夏季會集中撈捕文蛤。從沒有曆日的時代開始，日本人的祖先就從採集的食物中察知了季節變化，並且相當珍惜季節所賜予食物的風味，對其再三回味。此種感性經過歷史的洗鍊後，內化成了日本料理的價值觀以及美學意識。

〈碗物的香頭〉

日本料理的菜單安排當中，「碗物」是主菜。碗物由吸地（高湯）以及碗種（主要的料）、妻（山菜或海藻類）、香頭（吸口）所組成。

香頭，雖然體積小卻富有香氣，必須能襯托出主料以及呈現季節感。

春天的山椒嫩葉，夏天的紫蘇或蘘荷，秋天和冬天則是黃柚子。碗物會蓋上蓋子，因此即使是熱騰騰的菜餚，其香氣也不會立刻揮發散逸。此設計可讓碗中「代表季節的香氣」在掀起蓋子的瞬間香氣四溢。

運用日本五大節的香味

每逢節令可運用植物的香氣和風味來重整身心。

「節令」最早是中國的歷史文化，後來才傳入日本。將人的生活以年爲單位劃分，再分成各種節並賦予其意義，爲生活帶來了張力並豐富了其內涵。其中，「五大節」是江戶時代以來人們的家庭生活中所傳承下來的習俗與習慣，指的是：一月七日（人日）、三月三日（上巳）、五月五日（端午）、七月七日（七夕）和九月九日（重陽）五個節令。

人日節時會食用加了春天七草「水芹、薺菜、鼠麴草、繁縷、稻槎菜、蕪菁、蘿蔔」煮成的七草粥。其用意是在春天來臨之前，爲迎接一年中最寒冷的天氣做準備，驅除不好的氣，祈求無病無災。是讓身體吸取山菜的風味及營養的儀式。上巳又稱爲「桃花節」，原本爲擦拭人偶後將把人偶丟進流水祛除不祥的儀式。有飲用白酒，食用菱餅及文蛤的習慣。

五月的端午節時會用「菖蒲」和「艾草」放入洗澡水中驅除穢氣，並食用柏餅及粽子。七夕原本是慶祝夏秋之交的祭典，但結合中國的乞巧後，轉化爲女孩祈求提升織布能力的祭典。七夕時會在「細竹」枝條上懸掛許願的短籤。

九月的重陽被稱爲「菊花節」，菊花自古以來便用來入藥和製作化妝品，菊花節時會將菊花做成菊枕、菊茶、菊酒、菊花料理，儀式中處處可見到菊花的存在。

從五大節習俗中，我們可以看到不同季節的不同植物食材的香氣與風情結合了節令慶祝，會讓節日的特色更加突出，並兼具了祈求健康和成長的功能。

下面便介紹一道以一月七日人日節的概念爲靈感的水芹沙拉。十分適合在春天來臨前清除體內負擔。

活用水芹香氣的食譜

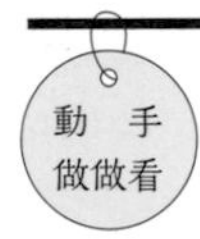

水芹佐柑橘排毒沙拉

材料（2人份）

水芹……1把（切成一口大小後泡水）
茼蒿……1／2包（撕成一口大小後泡水）
紅蘿蔔……1／3根（切絲）
牛蒡……1／3根（削成細竹削後燙過）
蕪菁……2顆（切片）
柑橘類......1／2顆（去皮剝成一口大小）
烤過的杏仁……6顆（磨成粗粒）

醬汁材料

杏仁奶（濃醇）……200ml
洋蔥……1／4顆（50克）（切碎，不要太細）
大蒜……1／2瓣
醋……20ml
鹽……3g
黑胡椒……少許
橄欖油……20ml

做法

1. 將醬汁材料放入調理機中打勻。
2. 切好配料放至碗裡。淋上**1**。

加了水芹的排毒沙拉清爽無負擔，
而水芹香也昭示了新春的到來。

4. 香氣文化學

語言 × 香氣

我們必須使用語言才能和他者傳達香氣的特質。而據說在傳遞資訊之前，香氣的感知本身就和語言存在有無相關。相較起其餘五感中的感官，嗅覺上的資訊尤其難以用言語表達，透過思考「語言」與香氣之間的關係性，可重新發掘出對人類而言香氣的意義。

本章將討論香氣以及語言表現間的關係。

思索我們所體驗到的香氣和「語言」間的關係。

Q 香氣很難用言語表達

能直接表達香氣的詞彙很少，往往都偏向主觀上的表達方式。

〈香氣很難表達嗎？〉

一般認爲香氣很難用語言來表達。好比說「構成檸檬香氣特徵的成分爲檸檬醛」本身算是正確的說明，但當要試圖解釋檸檬醛的香氣時，除了將其描述爲檸檬味之外，別無他法。這樣的說明，只能依賴聽者自身曾聞過檸檬的經驗來尋求共感，相當不可靠，究竟該如何表達才能讓聽者想像出檸檬醛的香氣呢？爲何嗅覺的特質這麼難表達？

最常用來解釋爲何氣味很難用語言表達的理由之一據說是「大腦中嗅覺資訊的傳播路徑與掌控語言的部位相去甚遠」（但有一派研究大腦的學者聲稱，「先有語言才定義了風味」）。

此外還有一說是「由於表達香味的詞彙（語言）很少」。在人們溝通時，究竟是因爲難以表達故詞彙很少，還是因爲詞彙少而難以表達呢？而不僅是日語中描述香氣的詞彙量少，在英語圈似乎也有同樣的現象。

〈香氣表現方式之分類〉

在詞彙量不多的情況下，實際上我們在日常生活中是如何去表達香氣的呢？主要可分類爲下列幾種方式：

① 眞實事物的類比表現
（檸檬味、花香等）
② 使用嗅覺以外其他五感的共感來表現
（甜香 = 味覺、圓潤的香氣 = 視覺、柔和的香氣 = 觸覺等）
③ 針對香氣效果的表現
（安神的香氣，神清氣爽的香氣，食指大動的香氣等）
④ 用形容詞（描述感覺的形容詞）來表現
（清爽的香氣、奢華的香氣等）
⑤與記憶相關的表現
（以前在祖母家聞到的香氣，夏季午後雷陣雨來臨時的香氣等）
此外，在香水行業，
⑥運用分類的表現
也可用（花香調 Floral、木質調 Woody、樹脂調 Balsamic 等）來描述之。

在嘗試用語言表達香氣的過程中，可注意到香氣的不同面向，並可幫助我們記憶香氣。

使用語言描述香氣的好處

試著用語言來表達香氣或者用語言爲香氣命名的努力究竟有何用處呢？

其益處主要可從下列三個面向來看：鑑別、認識和記憶、傳達和溝通。

鑑別

可用以辨識氣味，找出香氣的眞實身分。當你聞到不知名的香氣時，可嘗試用幾個詞彙去描述它，如此有助於將模糊的印象轉化爲更爲具體的印象。

舉例來說，一開始只感覺得出是「甜美且辛辣的香氣」，但透過語言描述進一步在記憶中搜索後，便可找出原來那便是肉桂香氣。

認識和記憶

語言就像分類標籤一樣有助於記憶。以葡萄酒爲例，葡萄酒的香氣會因葡萄品種和產地而大相逕庭，因此葡萄酒的專家侍酒師爲了區分和記住不同品牌葡萄酒的香氣特徵以便日後回想，必須要借助語言之力，在嗅聞出由許多香氣分子所混合而成的「葡萄酒香氣」的每個特徵後，再貼上語言的標籤。

衆所周知，侍酒師用以表達香氣的方式爲 P135 ①使用眞實事物的類比表現。

描述紅酒的香氣表現包括「黑醋栗」、「櫻桃」、「草莓」等水果類，「黑胡椒」、「香草」等香料類，抑或者像「腐葉土」和「皮革」等非食物香味的詞彙。

這種表達方式在一定程度上成了葡萄酒專家之間的「共同語言」。「品嘗葡萄酒」是一種主觀的香氣體驗，爲了要記住它，並且日後可以有意識地取用這些資訊，便需要制定出一套系統，定義出香氣的「共同語言」。（參見下一頁⇒風味輪）

傳達和溝通

幫助香氣資訊變得更容易傳達。

在什麼都能網購的今日，很多時候在購買葡萄酒、咖啡、香水等以香氣爲賣點的商品時，不會事先經過試香的程序。在這種情況下，使用只有專家才能理解的表達方式對一般人來說可能會完全摸不著頭緒。因此賣方除了提供產地和原料等資訊外，最好還要在③ 針對香氣效果的表現以及④ 用形容詞（描述感覺的形容詞）來表現等方面多下點功夫。

Q 什麼是風味輪？

這是將食品業等相關業界用來評估香氣的共同語言排列成圓形狀的圖。

在食品、酒類、香水化妝品等重視香氣的業界，會使用「風味輪（Flavor wheel）」和「香調輪（Fragrance circle）」等將描述香氣或味道的詞彙排列成圓形的圖，做爲香氣共同語言的指標。

最早出現的酒類風味輪是啤酒風味輪。之後陸續出現了威士忌和葡萄酒的風味輪。除了酒類之外，也有咖啡和巧克力等食品的風味輪，近年來還出現了帶有複雜風味的日式調味料及醬油的風味輪。

下圖的風味輪是咖啡的風味輪。在靠近中心的地方爲粗略的分類如果香、花香、草香等。在果香分類的外側，可看到果香之下還可分爲柑橘類和莓果類等不同的類別。再往外一圈，可發現莓果類還可細分爲草莓和藍莓等不同風味。也就是說，風味輪不僅僅只是蒐羅了描述香氣的詞彙，還會將類似的香氣排列在一起。將香氣模糊的大概印象，一層一層地具體化表達出香氣的特徵。

雖說若過度依賴共同語言，也可能會限縮了對香氣的感受性和表達能力，但無論如何，風味輪可幫助我們針對難以用語言表達的「香氣」提供識別和傳達的線索。

圖 咖啡的風味輪

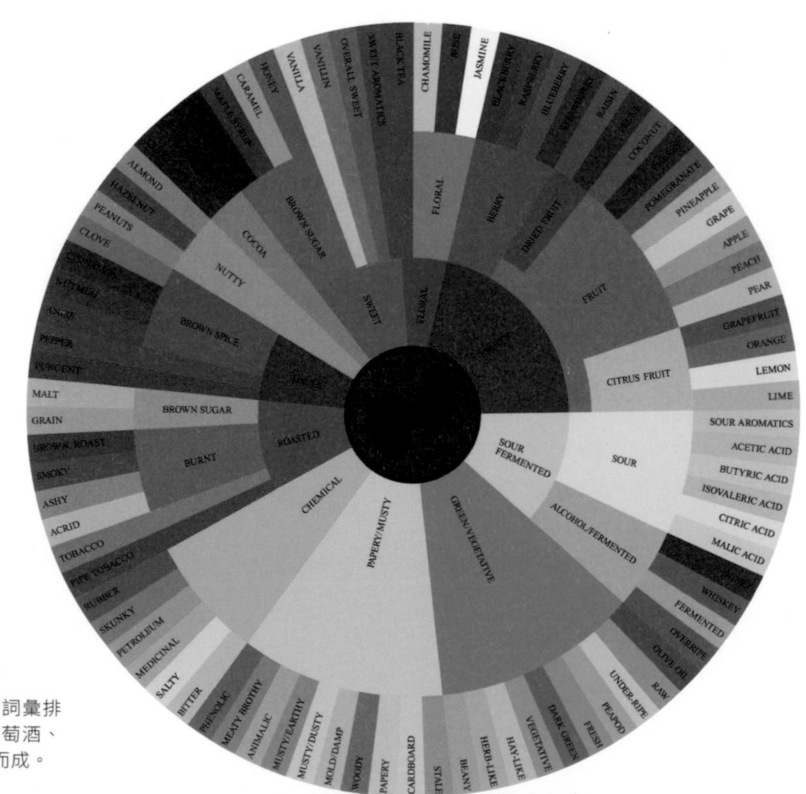

風味輪是將描述香氣或味道的詞彙排列成圓形的圖。針對咖啡、葡萄酒、威士忌等重視香氣的食品製作而成。

Q 有時也要試著去安靜地享受風味

當你邂逅了美好的香氣、風味，有時不需要說出口，只需要靜靜感受。

對人們來說，香氣不僅僅是分析和評價的對象。當然，嗅覺在感知危險和賦予對象意義上有著重大的功能。在這種情況下，不能只抓住一個模糊不清的印象，而必須通過語言，去確實掌握並記住該香氣的特定面向。

話雖如此，有時候，當你邂逅了一個自己非常喜歡的香氣或者風味，希望能充分享受完整的體驗時，最好不要立刻將它化爲言語。舉例來說，印度的傳統醫學阿育吠陀鼓勵人們在吃飯時保持安靜和專注，不要匆忙進食。這可提升消化能力，是可促進健康的進食方式。這也代表著吃飯時不應吵鬧或感到心煩意亂，而是懷著感謝之情的狀態下進食。不過其背後原因似乎不僅如此。

當你一語不發，專注於飲食行爲時，會讓人更加意識到食物的各種香氣、風味，以及入口的口感。此外，也會注意到自己的食慾多寡，並發現自己在何時會感受到飽足感以及滿足感。

聞香時也是一樣。如果你立即將聞到的香氣轉變成語言，則會無法感受到超越言語描述的各種層面的食材香氣。建議先充分感受香氣伴隨來的印象以及對心靈的影響之後再將其化爲言語也不遲。

column

香氣的花語

在西方，每種花根據其性質、外觀、歷史和傳說等會被賦予不同的「花語」。花有著各種象徵意義，透過贈送某種特定的花，也可向對方傳達其背後隱含的訊息。

芬芳的花卉和香草植物被賦予了哪些象徵意義呢？下面是一些香氣植物的花語：

木瓜（豐美、優雅）／西洋菜（力量、穩定）／月桂樹、月桂葉（榮耀、勝利）／丁香（威嚴）／香菜（隱藏的長處、秘密的財富）／肉桂（純潔、清淨）／茉莉花（溫和、惹人憐愛的）／杜松子（豐饒、長壽、記憶、保護等）／沈丁花（甜蜜的生活）／金銀花（戀愛的羈絆）／天竺葵（優雅）／百里香（力量、勇氣、活動）／辣椒（辛辣）／香堇（謙遜、低調）／大蒜（勇氣與力量）／馬鞭草（魔法、誠實）／玫瑰（美、至高的幸福、優美、災難、芳香等）／大馬士革玫瑰（含羞帶怯的愛）／款冬（公正的判決）／啤酒花（情感、驕傲等）／紫丁香（你還愛著我嗎）／薰衣草（接受、精勵圖強等）／迷迭香（充滿愛的回憶）／羅馬洋甘菊（逆境中的力量、嚴厲的愛）

Q 機器人可以用語言表達感受到的香味嗎？

包括嗅覺感官感測器的開發、嗅覺資訊的含義等，有許多問題仍待解決。

我們每天都會在不自覺的情況下聞到氣味，若有必要，也會試著用語言傳達給別人。

近年來，人們一直期望具有人工智慧的機器人能成爲擁有像人類一樣或者超越人類能力的存在，但機器人能否像人類一樣體驗氣味，並用語言來表達呢？

首先要知道的是，人類大腦中的語言機制目前還有未解之處。因此透過感官（感測器）所獲得的資訊要如何與語言連結的難題現今尚未獲得解方。

〈機器人的香氣體驗〉

若要在現實生活中運用機器人，僅靠著預先設計好嵌入的機體控制或動作模組，被認爲很難達到人類行爲活動的水準。這是由於人類的智能不能被當成一項功能來設計，而是必須透過建立與周遭環境的關係性來培育才行。

未來的機器人需要能夠將自感測器獲得的感覺資訊進行分段和符號化（轉爲語言），並將該資訊在環境和他人的關係中賦予意義。此外，還必須藉由語言累積和周圍環境的溝通能力。

爲了達到這些目標，首先，必須要能透過感測器收集資訊，但嗅覺的感測器在五種感官中被認爲是較難開發的一種。外界的芳香物質據說有數十萬種，因濃度不同，所感受到的香氣也會有所變化，可說是相當複雜。室內、室外和食物中的氣味實際上是由許多物質混合而成的。物質的質量數據與人類的感覺之間的關係也很難找到明確的規律性。嗅覺的另一項特徵就是只要持續聞就會感受不到氣味（適應和疲勞）。講得更細一點，香氣的感受會因每個人的身體狀況和經驗而有所不同。

因此，開發模仿人類複雜的「香氣體驗」的嗅覺感測器看來會是項相當艱巨的挑戰。此外，人類口中所體驗到的「風味」是由嗅覺和味覺相混合而成的感受，可想而知，若要開發風味感測器，一定會比香氣感測器要來得更複雜。

即使解決了感測器的技術問題，之後還必須面臨上面所指出的將嗅覺資訊進行語言化（符號化）的難關。究竟該如何用語言來理解香氣？根據答案的不同，也會影響到將來機器人學領域導入「香氣」的方式。

香菜的香氣，真讓人受不了呢。

Q 語感和風味間之關係性

我們似乎可從詞彙的音聲聯想到風味，不是嗎？

你聽說過「波巴和奇奇效應」嗎？如果沒有，請參閱下面的兩個圖案。你覺得哪個是「波巴」，哪個是「奇奇」呢？大多數人應該都會回答波巴是A，奇奇是B吧。

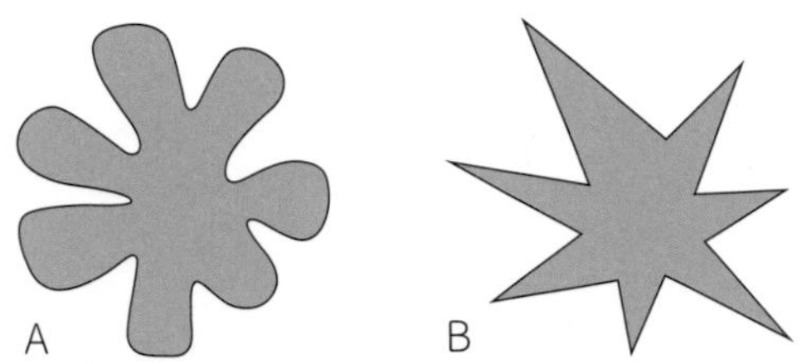

兩個形狀中哪個是波巴，哪個是奇奇？無論語言、年齡或性別，大多數人所選擇的答案皆相同。

語言學研究指出，構成語言的音韻和語意間不一定存在著必然的關連性。例如，同樣是「狗」，在英語中被稱為Dog，所以一個詞的發音可能與它的意思毫無相關。

然而，在實際的語言運用中，可發現一些例子中詞彙的「音聲」與「意義」間存在著關連性。以「波巴和奇奇」為例，我們似乎在詞語的音聲中感受到了某種共通的形象。一項研究結果顯示：「母音a代表著大或柔軟的東西以及鈍重的動作，而母音i則代表著小的東西」。這種由音聲聯想到特定意義或圖像的現象被稱為「聲音象徵」。

《美味的科學：從擺盤、食器到用餐情境的飲食新科學》一書的作者查爾斯．史賓斯（Charles Spence）為了解決「形狀有味道嗎」的疑問，十年來在世界各地的食品展和科學活動詢問了許多人，他們所吃下食物的味覺體驗究竟是「波巴」還是「奇奇」。結果顯示，人們的答案相當一致，帶有碳酸、苦味、鹹味、酸味的食物會被歸類為尖尖的「奇奇」，而帶甜味及奶油味的食物則是圓圓的「波巴」。這種現象也可適用於香氣和風味上嗎？

如果你看到餐廳的菜單上寫著「（波巴風或）奇奇風嫩煎真鯛」，你會對菜餚抱持不同的期望和想像嗎？當然餐廳不會採用這種對客人不友善的表記方式，但是對餐飲業者來說，店名以及菜名的命名方式、針對客人用的解說等菜色內容本身以外的語言語感，也足以左右客人的印象。也因此有許多公司願意投入大筆資金來決定品牌名稱。

下面我們請經驗豐富的主廚根據「波巴」及「奇奇」的概念所想像出的風味創作了兩道菜色。

各位讀者覺得如何呢？你們能從中獲得共感嗎？

用波巴奇奇的概念設計新食譜

波巴聞起來很香草？
奇奇感覺像萊姆香氣？

飪專家以毫無意義的詞「波巴」和「奇奇」的語感爲概念，設計出了下列兩道食譜，兩道風味截然不同的美味料理於焉誕生。

「波巴」帶有香草的甜香，口感濃郁，在舌尖流連不散。「奇奇」則是一道滋味辛辣且帶有清新萊姆香氣的菜色。我們對料理的感受性似乎不僅止於味覺，氣味亦息息相關，甚至還會進一步擴散到其他感官層面，與不同感受廣泛連結。

從詞彙的語感中汲取靈感打造食譜之嘗試似乎能激發出全新的創意。

利用「波巴感覺」的香氣設計出的食譜 (P.142)

白灼美國螯蝦佐香草奶油醬

材料（2人份）

美國螯蝦……1尾

醬汁材料

洋蔥……1／2顆（切片）
西芹……1／3根（切片）
紅蘿蔔……1／2根（切片）
奶油……5g
白酒……200ml
雞高湯……200ml
鮮奶油……200ml
香草……1／2根
鹽……少許

義大利寬扁麵（乾麵）……60g

做法

1. 製作醬汁。蔬菜用奶油炒過後加入白酒，待酒精揮發後加入雞高湯煮5分鐘。用篩網過濾後加入鮮奶油和香草，再加點鹽調味。
2. 將美國螯蝦放入一大鍋加了鹽的熱水中川燙15分鐘。將蝦螯的殼敲碎，蝦身切半後去除背腸及砂囊。
3. 義大利寬扁麵煮好後拌上醬汁，和美國螯蝦一起盛盤。

利用「奇奇感覺」的香氣設計出的食譜 (P.143)

牛舌塔可餅

材料（4人份）

墨西哥薄餅皮……8片
牛舌…180g（切丁）
鹽……1小匙
黑胡椒……少許
橄欖油……1大匙

番茄莎莎醬

番茄……1／2顆（切丁）
洋蔥……1／4顆（切碎）
鹽……1／2小匙
橄欖油……1小匙

酪梨醬

酪梨……1顆
萊姆汁……1／2 顆的量
鹽……1／2小匙

橄欖油……1小匙
香菜……適量（切成一口大小）
墨西哥辣椒……適量（切片）
櫻桃蘿蔔……適量
墨西哥辣椒……適量
萊姆……適量（切片）

做法

1. 於牛舌上灑上鹽及黑胡椒，放入加了橄欖油的平底鍋去煎。
2.將番茄莎莎醬及酪梨醬的材料分別拌勻。
3.將牛舌、番茄莎莎醬、酪梨醬、香菜、墨西哥辣椒放到煎好的墨西哥薄餅皮上，再另外擺上櫻桃蘿蔔、墨西哥辣椒、萊姆。

濃郁的口感搭配甘甜香草香氣，
讓人食指大動。

帶有清爽萊姆香氣與辣椒辛辣味的
塔可餅。

5. 香氣與管理

香氣對心理之影響、供應時的注意點

從「香氣」的角度出發，當我們提供餐點給他人時該留意哪些地方呢？首先我們必須認識嗅覺這項感官本身的特性以及嗅覺和其餘五感感官間的相互作用。

近年來，人們越來越關注香氣對心靈的作用。透過嗅聞香氣，可以讓人放鬆或者集中注意力。想當然爾，食物的香氣也會影響到人的心理。

本章中將介紹供應餐點時關於香氣方面需要知道的注意事項。

提供香氣給別人時，有了這些知識會非常有用。

Q 為何一旦習慣了就聞不到香氣？

嗅覺具有「適應性」和「習慣性」的特性。

當打開咖啡店門的瞬間明明就對撲鼻的新鮮香氣感到驚艷，但不知不覺中就忘了這件事。在香水店試香久了，會逐漸無法分辨出各種香氣的差異……你是否也曾有過上述的經歷？

〈嗅覺適應性〉

嗅覺這項知覺具有「適應性」和「習慣性」的特性。當香氣刺激持續存在，隨著時間的推移，會越來越難感知到香氣。這種現象在視覺和聽覺上很少發生，但在嗅覺上特別顯著。在進行葡萄酒聞香或香水試香時，有時你越是努力嗅聞，就越聞不出是什麼味道。若遇到這種情形，建議聞一下自己手腕或者其他味道以重置嗅覺，因為當人聞到不同種類的香氣時，嗅覺就可重拾原有的敏感度。

〈不會介意「習慣的香氣」？〉

此外，對於每天接觸特定香氣的人來說，對該項香氣的感受性往往也較弱。

有一個實驗將在工作場所經常接觸帶有甜酸味的物質「丙酮」的人，以及沒有接觸丙酮的人分成兩組，並請他們對丙酮的香氣進行評分。結果發現，那些平日就聞習慣的人會覺得香氣聞起來較「弱」。而兩組受試者針對在丙酮以外的香氣評分中並無差異。

顯然我們對自己習慣的香氣會比較難意識到其存在，故就算很強烈也不會太介意。

據說當來自國外的人在機場下飛機時，可以感受到該國特有的氣味。日本聞起來似乎是魚和醬油的氣味，但人在國內時並不會意識到這一點。

而這個現象恐怕也適用於菜餚的香氣。在餐飲店每天供應相同菜色的人和第一次接觸到該菜色的顧客之間，由於立場不同，因此對食材和調味料香氣的敏感度也可能產生意想不到的差異。

column

香氣和風味是否讓人感受良好會因環境而異

在飛機上提供的各種服務中，最令多數人在意的肯定要屬「飛機餐」了。然而，要在1萬公尺高空供應美味的食物，實際上相當有挑戰性。這是因為氣壓和濕度與平地大大不同之故。主要的變化請見下述：

＊對鹹味和甜味的敏感度會降低 30%，味覺會產生變化。

＊乾燥的空氣會使嗅覺變鈍。

＊食物中所含的香氣分子的揮發程度與在平地時不同。

即使供應了和平地時相同的菜餚，吃起來也絕對不會好吃，因此必須配合飛機內的環境設計特殊的食譜。

Q 濃度的差異會改變香氣給人的印象嗎？

就算是同一種類的香氣分子，也可能帶給人截然不同的印象。

香氣分子是香氣體驗的基礎。然而奇怪的是，即使分子的種類相同，感覺起來也可能是完全「不同的氣味」。這是由於濃度的差異會導致氣味的印象大不相同。

例如，一種叫做「癸醛」的香氣分子在濃度高時聞起來有油臭味，但濃度低時聞起來卻像柳橙。高濃度的「糞臭素」聞起來帶有臭鼬味，但在低濃度時則是清涼的香氣。高濃度的「吲哚」是人見人厭的糞便氣味，但在低濃度時卻是花香，是茉莉花等花中含有的成分，亦經常用於香水的調香。

此外，香氣的混合並不是單純的加法，這可說是調香界眾所周知的事實。舉例來說，某種香氣分子會阻絕其他香氣分子。食物的氣味也是如此，需要注意組合的相容性。

香氣的印象因濃度而異

種類名	濃	淡
2- 呋喃甲硫醇	惡臭	烤焦堅果香
α - 香堇酮	木質香氣	香堇花香
γ - 壬內酯	椰香	果香或花香
糞臭素	臭鼬臭	清涼的花香
吲哚	不快的臭氣、糞便臭氣	茉莉花或梔子花般甜美的花香

即使是同一種類的香氣分子，其印象也會因濃度而有很大差異。

只不過是改變成分濃度，沒想到給人的感覺會如此不同。

Q 香氣會影響心理嗎？

近年來，針對香味影響精神方面的研究有了不少進展。

針對水果及香草植物成分的營養價值以及生物活性的研究已行之有年，近來它們所帶有的「香氣」對心理方面的影響也引起了人們的關注。無論是想緩和心神或者提振精神時都可運用香氣。既然如此，爲何不在休息時吃的甜品、茶或調酒等食品當中運用每種植物香氣的力量呢？

〈柳橙的香氣〉

柳橙香氣溫和又清爽，已知可讓人放鬆身心。

針對高齡長者實驗的結果，發現若在就寢前讓房間飄散橙皮香氣，可提升自主神經系統的副交感神經活動（進入休息模式）有助安眠。

想悠閒度過下午時光時，吃一點加了橙皮的甜點也很不錯喔*[1]。

*1《甜橙香氣對需要照護的高齡長者就寢前不安所帶來的生理影響》松永慶子、李宙營、朴範鎮、宮崎良文，芳療學雜誌，vol.13（1）（2013）

〈辣薄荷的香氣〉

辣薄荷的香氣十分清涼。從針對小學生進行的實驗中可知，聞了薄荷味後「頭腦清醒」、「精力充沛」和「精神專注」的感覺會增強。

在學習或工作的休息時間想要重整心情時，據說來一點用新鮮或乾燥薄荷製成的茶或者小點心，可收到不錯的效果*[2]。

*2《精油對小學生的計算能力與心情之影響》熊谷千津、永山香織，芳療學雜誌，Vol.16，No.1，（2015）

〈茉莉花的香氣〉

已知茉莉花香甜濃郁的香氣有著醒腦的功能。據說聞了從茉莉花中萃取出的天然香料之後的腦波圖形與聞到咖啡香時的腦波非常相似。另一方面，將茉莉花茶（將茉莉花香轉移到茶葉中的茶）稀釋約 20 倍後所得的淡淡香氣，反而被發現具有鎮靜作用*[3]。

*3 蓬田勝之《薔薇的香水》求龍堂（2005）、井上尚彥《茉莉花茶的香氣及芳香成分對自律神經及作業效率之影響》京都大學（2004）

column

香氣的傳播途徑

仔細看香氣資訊的傳播路徑，可發現香氣從嗅覺細胞只需經過極短的步驟就會傳輸到大腦中的「大腦邊緣系統」和「前額葉」。

「大腦邊緣系統」是大腦的一個區域，又稱舊大腦、情緒腦等。這個區域包含了和喜怒哀樂等情緒以及壓力反應相關的「杏仁核」與主掌記憶的「海馬迴」。香氣的資訊會從杏仁核傳遞到自律神經系統、內分泌系統和免疫系統，影響人體的身心調節功能。

Q 香氣和五種感官的關係性？

嗅覺似乎與其他感覺有著很深的交互作用。

〈感官整合〉

我們已經知道，除了味覺之外，嗅覺也對感受料理的滋味有著很大的影響，然而，近年來的研究顯示，感官之間的交互作用並不止於此。

例如，已經發現食物的味道可能會因視覺、聽覺和觸覺而異。

葡萄酒的味道會因顏色而改變，啤酒的味道會因酒標而異，甚至菜餚的味道也會因用餐時所使用的餐具重量而有所變化。

追根究柢，進食是一項要充分運用到五種感官的作業。畢竟是要讓外界的東西化爲自己的一部分，想想也是滿合理的。吃東西時必須綜合所有接收到的資訊，和記憶比對後做出判斷，然後才吞下食物。並不會將所有感知到的每一項個別資訊分開一一處理。

〈感官跨界（cross-modality）〉

「感官跨界（跨界的感官感覺、五種感官間的交互作用）」和「多元感官」現在被認爲是創造豐富美食經驗的重要關鍵詞。以往我們認爲大腦會針對五種感官所接受到的刺激分別單獨進行資訊處理。然而我們已經開始意識到，實際的情形是多元感官間會相互影響，進而構成我們的感官世界。

雖說如此，料理專業人士似乎早就從經驗中理解到感官跨界的概念並予以實踐活用了。石井義昭的著作《料理に役立つハーブ図鑑》（暫譯：實用烹調香草植物圖鑑）中有著下列的記述：

「香氣和味道不僅會透過鼻子和舌頭感受到，實際上也可用眼睛來品嘗。例如，即使我們可從檸檬草中萃取出香氣，但萃取物的顯色不佳，很神奇的是，當用一點黃色去著色後，香氣的印象便會增強。」

烹飪被認爲是一門綜合性的藝術，可以說美味是由我們的感官所捕捉到的各種要素所構成的。

column

紀錄片【神廚東京壯遊記[29]】～店內營造和感官跨界～

NOMA是來自丹麥的餐廳，曾在英國餐飲雜誌 Restaurant《世界50大最佳餐廳》的評選中名列第一。2015年，由主廚René Redzepi率領專業廚師團隊到東京開設期間限定的快閃店。

這部記錄片紀錄了團隊在日本各地尋找食材，還有為了開發食譜而反覆進行試做等各種客人看不見的各種腳踏實地的準備過程。紀錄片尾聲，有一幕是René在開店前巡視店內，拆除了座位上的坐墊，並喃喃自語道：「我們不需要這個」。想來是柔軟的坐墊不符合NOMA的創作概念吧。料理的風味不僅僅是由食物的味道所構成，還涵蓋了包括店內環境的整體用餐經驗。從短短的一句話，便可察知主廚對此的認知。

column

文學中的「香氣之力」

對某些人來說，「香氣」的意義是由人類共通的肉體上要素所決定，然而對其他人而言，其意義可能根植於個人經驗。無論是哪一種狀況，大多數時候，香氣只不過是日常生活中眾多判斷材料之一。

然而有時候，某些特定的香氣也可能會深深沁入一個人的內心深處，並賦予他巨大的力量。下面我們就來看一下文學作品中所呈現出的香氣之力的實例。

『檸檬』

下文摘錄自生於明治34年的作家梶井基次郎的短篇小說《檸檬》。
這篇作品也有被收錄在高中國語課本中，其開場如下：

> 「一塊莫以名狀的不祥沉痾，始終壓在我的心頭。該說是焦躁，還是厭惡呢——」
>
> 一天早上，「我」感到「彷彿被什麼東西所驅趕」，彷徨失措而出。在京都街頭漫無目的晃浪遊蕩的「我」，在一家水果店前停下了腳步。在那裡僅買了一顆檸檬。
>
> 「我將那顆果實湊近鼻尖反覆地聞了又聞。
> 關於它原產地加州的想像開始浮現在我的腦海裡。
>
> ……（中略）……
>
> 我深深吸了一口氣，讓那芬芳的空氣填滿胸口，
> 已久未如此深呼吸的我，感到溫熱的血潮開始於身體和顏面湧上，
> 體內好像萌生出了一股活力。……」

之後「我」（敘事者）就走進了在「生活還未被侵蝕前」曾經很喜歡的「丸善」，故事也邁向了尾聲。

檸檬的香氣為感到鬱悶的主角帶來了異國的想像，改變了他身體的狀態，並促使他採取了意想不到的行動。可以說檸檬的香氣、顏色（視覺）、冰涼感（觸覺），已經深入滲透了他的內在。

29 英文原名【Ants On a Shrimp】。日文名《ノーマ東京　世界一のレストランが日本にやってきた》。

Q 香氣可讓人變美嗎？

有許多人在研究玫瑰香氣對身心的影響。

〈變美的機制〉

玫瑰被視爲愛與美的女神維納斯的聖樹。已有研究證實了把代表女神的花放在身邊就會讓人變美的假設。玫瑰（品種：白玫瑰[30]）的香氣已證實可舒緩壓力，並防止皮膚保護功能下降*。此爲針對21歲左右女性實驗所得到的結果。

爲什麼聞到花的芬芳香味會影響皮膚狀況呢？香氣的資訊會透過很短的傳輸途徑傳遞到大腦中稱爲「大腦邊緣系統」的區域（P147），此系統包含了和喜怒哀樂等情緒以及壓力反應相關的「杏仁核」，以及主掌記憶的「海馬迴」。抵達這裡的香氣資訊將進一步影響調整我們身體的自律神經系統、內分泌系統和免疫系統。因此，嗅聞玫瑰的馨香是可能改善膚況的。

〈老玫瑰（Old Roses）的香氣〉

去花店時可看到許多種玫瑰，其中也有些玫瑰的香氣並不強。現代人利用人工雜交的技術創造出了相當多的玫瑰品種。

玫瑰的種植歷史悠久，在7000年前的古埃及遺址裡也發現了玫瑰花束，但事實上，直到19世紀初，只有4種栽培玫瑰品種。「大馬士革玫瑰」是少數歷史悠久的老玫瑰之一。大馬士革玫瑰是用來萃取精油（精油：天然香料）的品種，以香氣濃烈聞名。現在大多栽培於土耳其和保加利亞（上述的「白玫瑰」是大馬士革玫瑰的子代，繼承了大馬士革玫瑰的香調）。

下面將介紹運用玫瑰香氣的甜點食譜。若能透過香氣舒緩壓力，或許能讓皮膚更美麗喔。

※Mika Fukadaほか、「Effect of "rose essential oil" inhalation on stress-induced skin-barrier disruption in rats and humans.」Chemical Senses,Vol. 37(4)(2012)

活用玫瑰香氣的食譜

糖煮水蜜桃佐玫瑰卡士達醬

材料（4人份）

水蜜桃……2顆
白葡萄酒……100ml
糖……200g
水…… 40 ml

玫瑰卡士達醬材料

玫瑰（乾燥花瓣）……2g
牛奶……100ml
蛋黃……一顆的量
砂糖……25g
低筋麵粉……10g

做法

1. 製作玫瑰卡士達醬。加熱牛奶，到快沸騰時加入玫瑰花瓣，蓋上蓋子，放置約10分鐘以轉移香氣。於蛋黃中依序加入砂糖、低筋麵粉，並分批拌勻。牛奶邊用篩網過濾邊加入鍋中，煮至濃稠後再倒入調理盤中立即冷卻之。
2. 製作糖煮水蜜桃。水蜜桃洗淨後切成兩半，去除果核。將桃子、白葡萄酒、砂糖和水加入鍋中，煮至沸騰，再蓋上落下蓋。用小火加熱約5分鐘後，整鍋冷卻後去皮。
3. 將玫瑰卡士達醬倒入器皿中，再盛入**2**。

30 學名：*Rosa alba*。

帶有馥郁玫瑰香氣的浪漫甜品。
為了保留水蜜桃的口感，將桃子直接糖煮後使用。

5. 香氣與管理

品牌╳香氣

本書介紹了各種可運用於烹調和享受食物方面關於香味的知識與發現。關於烹調和香氣的知識及技術本身對人就很有幫助，只要稍微改變一下視角，便可能在社會上更多不同的場合創造出不同的價值。

在最後一章中，我們將探討如何在社會中利用前面幾章所提到的內容，找尋創造豐富飲食文化的關鍵要素。

將香氣所喚起的形象
用來打造品牌。

體驗主題

活用芳香食材來建立品牌

用「香氣」做爲形象標誌

在學校或企業進行形象包裝（品牌營造）時，試著選擇花卉、樹木、水果、蔬菜、香草植物或香料等帶有香氣的食材做為形象標誌。

步驟

步驟 1

1. 整理該企業、學校的理念和歷史沿革。

2. 透過問卷調查或意見交流會來收集組織所屬成員的認知。

3. 用語言來總結對該企業、學校未來的展望。

4. 根據 1 到 3的結果，整理出特色和品牌方向性的關鍵字。

步驟 2

1. 調查該企業、學校所在地區的產業類型。

2. 調查該組織所處地區的歷史和文化。

3. 查詢這當中與芳香食材有關的資訊（亦可參考後面的芳香食材辭典）

步驟 3

1. 找到符合步驟 1 和步驟 2 的芳香食材。

步驟 4

1. 一旦確定了要採用的芳香食材，就要將食材的魅力發揮到淋漓盡致。

例如…

- 考慮原創菜色或飲料食譜（可於學生餐廳或員工餐廳供應）
- 可在校園內種植（在公司內種植），加強對內外的宣傳
- 在校慶等活動中設計能享受香氣的環節
- 採訪與食材相關的產地以加深理解……等

Q 運用香氣提高品牌價值

即使眼睛看不見，「香氣」仍會留下深刻的印象，因此應拓展更多的活用方式。

在逛食品賣場時，您是否有過根據品牌決定是否購買的經驗，例如「紅茶就買平常這家」或「送禮就選這個牌子的海苔一定不會錯」？

「品牌」的語源來自英語的「burnd」（烙下印記），最初的意思是表示所有權的標記（來源標示）。在現代，大多數時候品牌主要指稱企業用來區分自家和其他廠商產品的標誌記號。

食品的品牌具有保證安全和口感（品質保障功能）以及向消費者傳達產品的溝通方式（宣傳廣告）之功能。對於希望持續獲得客戶青睞的企業來說，品牌營造是一個重要的課題。品牌認同和五種感官刺激息息相關，但一直以來，企業主要都著重於視覺元素（如品牌商標和色彩等）和聽覺元素（例如，電視廣告中所播放含有公司名稱的簡短旋律等）方面。

然而，近年來，使用嗅覺的品牌營造似乎越來越受到人們的關注。

據說，有一家大型咖啡連鎖店，在版圖擴大不斷提升效率的過程中，反而刻意走回以前在店裡現場研磨咖啡豆的方針。這是因爲事先磨豆雖可省去員工的麻煩，但卻會失去店裡「新鮮現磨的香氣」。該公司意識到香氣能提供來店的客人語言之外的強烈信號。

此外，現在有許多飯店等住宿設施、航空公司和成衣企業等都會調製原創品牌香水做爲品牌營造的一環。

在《五感刺激のブランド戦略》（Brand Sense：Sensory Secrets Behind the Stuff We Buy，暫譯：五感刺激的品牌戰略）一書中，作者 Martin Lindstrom 也指出使用嗅覺、味覺及觸覺之訴求的重要性。作者開始研究五感與品牌間關係的契機，源於有一年夏天他在東京新宿注意到一個擦肩而過的人身上的香水味，聞到香味的瞬間，他感覺整個人彷彿穿越到了 25 年前丹麥的兒提時代，因爲那個香水和童年友人的母親所用的香水是同樣的牌子。這段經歷非常眞實和強烈，與他的情感有著深刻的連結。

如前例所示，這種一嗅到氣味，過去的記憶便清晰浮現出來的現象被稱爲香氣的「普魯斯特效應」。之所以被稱爲普魯斯特效應，是因爲法國作家馬塞爾．普魯斯特的長篇小說《追憶似水年華》中，主角透過浸泡在茶中的瑪德蓮的風味，鮮明地喚醒了他童年的記憶。

香氣能帶給人意想不到的深刻印象。事實上，香水的力量很可能對我們今天隨手選擇的產品和服務的品牌形象有著巨大貢獻。

香氣喚醒古老記憶的現象被稱為「普魯斯特效應」。圖為繪有馬賽爾．普魯斯特肖像的郵票。

Q 利用香氣的知識設計新食譜

以「鬥牛犬餐廳（elBulli）」的菜單為例，思考香氣創作。

在《エル・ブリの一日》（A Day at elbulli，暫譯：鬥牛犬餐廳的一天（Ferran Adria 等著）中有著這樣一段敍述：「鬥牛犬餐廳之所以能有今天，都是拜創造力之賜，創造力不僅是員工的熱情和奉獻精神的支柱，也是人們造訪鬥牛犬餐廳的原因。」

衆所周知，Ferran Adria 的「分子廚藝」提出了運用科學知識的全新烹調手法，其新穎性引起了全球的廣泛關注。由他所領軍的餐廳「鬥牛犬餐廳」刺激了客人的各種感官、情感和知性，並帶來了驚喜的飲食體驗。

該書中所記載的創作手法 III「充分利用五種感官」一節中，舉了兩個與香氣相關的烹調設計實例，下面就來看看是什麼樣的創意吧。

其一是甜點，名爲「巧克力海綿蛋糕佐薄荷冰淇淋搭配橙花味甘草」。在上桌之前，先加熱一下並噴上橙花噴霧，再罩上玻璃罩。這是爲了在客人面前掀起蓋子時，香氣可一口氣擴散出來。

確實，使用冷凍的食材時，因爲溫度很低，有著香氣分子不易蒸發的問題。薄荷冰淇淋中所含有的「薄荷醇」是一種芳香物質，在放入口腔使溫度上升之前，很難感受到香氣的存在。因此這個想法是利用香氣噴霧來補強甜點上菜時的香氣效果。

另一個是「客人在吃時能享受迷迭香香氣的龍蝦料理」。這道料理不是直接使用迷迭香製作醬汁或者配料，而是讓客人一邊嗅聞香氣一邊吃的料理。

正如本書前面提過的，經過嗅覺所感受到的食物，其香氣分子會透過兩種不同的途徑傳遞。一是自鼻尖擴散到鼻孔深處的香氣（鼻尖香），另一種則是在咀嚼和吞嚥食物過程中藉著呼氣上升至鼻腔的香氣（迴香）。我們所感受到的「風味」是由後者與味覺所混合而成的產物（⇒見第 1 章）。

有報告指出，這兩種嗅覺的感受方式不同，就算是相同的食材，也不一定會留下相同的印象。而這道菜試圖讓客人有意識地去運用鼻尖香。

此外，迷迭香不僅具有香氣的元素，同時也是一種帶有苦味等味覺元素的香草植物。雖然希望爲料理添加它的香氣，但有時並不想添加苦味到醬汁裡。還有，在品嘗時時是否加入迷迭香的視覺元素，也可能帶來不同的味覺印象（感官跨界⇒見 p148）。

大概是因爲考慮到上述的諸多因素，「鬥牛犬餐廳」才孕育出了這種在其他地方前所未見「不包含在料理中，讓人們分別聞著芬芳的香氣一邊食用」的上菜手法吧。

在日常的飲食中，我們常會爲美味＝味覺的先入爲主的成見所囿，忘記了嗅覺對風味的貢獻竟如此之大。而這一道菜，毫無疑問地能讓人重新認知到料理和嗅覺之間的關係性。

Q 想要設計出有創意的食譜……

美國學者正在研究產生創造力的必需要素。

根據心理學博士特蕾莎·阿馬比爾（T.M.Amabile）的「創造力構成理論（Componential Theory of Creativity）」，創造力由三個部分所組成，分別爲「該領域之專業知識」、「創造性思維」和「動機」。

若想在烹飪領域發揮創造力，需要具備何種要素？接下來我們將以此理論爲基礎來舉例如何去「創造出以香氣爲賣點的全新料理食譜」。

①專業知識（domain-relevant skills）

該領域的專業知識是發揮創造力的基礎。

雖然是踏實不起眼的作業，但首先必須先仔細研究食材、烹調方法、已知食譜和運用的歷史，掌握相關知識。若是以香氣爲賣點的菜色，認識每種香草植物、香料、蔬菜和水果等食材的風味特徵以及烹飪注意事項也很重要。當然，若能掌握香氣分子的性質和嗅覺的原理，就可充分運用到烹調手法和供應方式上。

追根究柢，如果不具備專業知識，就無法判斷自己的想法是否新鮮或可行。

②創造性思維（creativity-relevant skills）

一提到發揮創造力，這可能是許多人第一時間所想到的能力。創造性思維是能夠提出新想法的思考能力。嘗試改變食材的組合或改變加熱的烹調手法。就算維持現有條件，若能夠改變觀點，就能看到各種可能性。

此外，可學習不同於烹飪領域的知識或接觸震撼心靈的藝術。參考其他國家超乎自己常識範圍的烹調手法和傳統食譜等方法也十分有效。當然，與身邊同伴的交流討論也有助於激發創造性思維。

③動機（task motivation）

思考新的烹飪食譜的過程會讓你感到快樂和興奮嗎？好比說「想讓別人大吃一驚，製作出大家喜歡的新菜單」、「若能在經典料理加入獨門巧思創造出新風味，應該會非常有趣吧」……

相較於報酬和名聲等「外在動機」，個人的「內在動機」更能激發出創造力。你的興趣、探索精神和快樂的目標何在？從事創造性工作時用來追求成果的能量，最終仍來自個人的心靈。

博士特蕾莎．阿馬比爾的「創造力構成理論」

包括該領域的相關知識、技能和才能。

此處的「專業知識」並不限於透過正規教育課程所獲得的知識。而是在針對主題去探索或解決問題時所需的腦中智力「空間」。從工作或興趣中習得的訣竅，以及與他人交流所獲得的想法等亦包含在內。此空間越大，就越容易產生創造力。

創造性思維是以現有的想法為基礎去靈活地組合出新想法的思考方式。

擅長從不同的角度思考事物，或者添加乍看之下毫不相關領域的元素等能力都屬於創造力的一環。此外，還包括面對難題時能堅持不懈持續挑戰的能力。

專門知識
domain-relevant skills

創造性思維
creativity-relevant skills

創造力
Creativity

動機
task motivation

一個人的實際產出取決於動機。

外在的誘因，如報酬和名聲，雖不會遏止創造力，但亦無法增進創造力。個人興趣、探索精神以及熱情等內在動機才是提升創造力的重要因素。

想要有創造力，必須具備三項要素。

創造力是由該領域之專業知識、創造性思考以及動機這三個要素所構成。

激發創新思維的創意討論

美食家薩瓦蘭在其著作《美味的饗宴：法國美食家談吃》中說：「發現新的美食比發現新的星星更能造福人類。」

爲了開發新食譜以及激發新創意，可以試著進行分組進行討論。在餐飲店、學校或者地區活動時，與其一個人獨自思考，不如讓團隊成員一起產出創意思考。

下面我們將介紹能蒐羅大量想法的手段——「腦力激盪法」，以及用來整理想法的「KJ法」。

〈腦力激盪法〉

爲了獲得產生新食譜的好主意，首先讓所有參與者分享彼此的想法拓展各種可能性。在腦力激盪的階段，不會「驗證該食譜是否可行」或「是否好吃」。一開始最重要的是抱著玩心，盡量提出大量的想法，才有機會擴大新食譜的可能性。就算是抱著玩笑心態提出的想法，也有可能對其他參與者的想法做出貢獻。

此方法有四個規則。*1

＊規則＊

1 不要對別人的言論做出批評等反應。
2 重視自由奔放的想法。
3 重量不重質。盡量提出越多想法越好。
4 歡迎搭便車。可借鏡別人的想法加以發展。

＊進行方式＊

1 決定提出想法的主題後，參與者圍成一個圓圈坐好。準備黑板或大張的紙，確保每個人都看得到。
2 決定順序，參與者按照順序提出自己的意見。無論意見的品質如何，一律都要寫在黑板上。
3 依序輪流發言，直到沒有人想發表想法爲止。每個人不需要想太深，整個過程需迅速進行。

注意：要讓參與者知道，發言時不需講究品質和原創性。目的是在不判斷可行性的情況下，盡量找出各種廣泛的可能性。就算是本身不可行的想法，也可能催化出其他想法。

腦力激盪結束後，再針對大量的言論進行整理，將其轉化爲可用的形式。整理方法可使用 KJ 方法。

〈KJ法〉*2

＊進行方式＊

1 將大量想法分別寫在小卡片上。
2 將卡片放在桌子上，將類似內容的卡片分成一堆。若有無法歸類的單獨卡片也不需要強行分組。
3 思考適合每一堆卡片的「標題」。用便條紙等貼上標題名稱。
4 看一下每一堆卡片的標題。每組之間有什麼關係？將較有關連性的卡片堆放在一起，一邊整理卡片堆一邊調整每一組的配置。
5 在黑板或筆記裡畫出每一組標題之間的關係圖。最後寫下得到的結果。

＊1「腦力激盪法」是亞歷克斯・奧斯本（Alex F. Osborn）所提倡的一種方法，至今仍為集團用來激發新想法時所運用。其1942年的著作《實用想像學（Applied Imagination）》中記述了參與者必須遵守的四條規則。

＊2「KJ法」是文化人類學家川喜田二郎為了有效整理數據而提出的方法。

～討論的實際活用範例～

主題：「讓我們來開發使用山形縣名產——食用菊花『延命樂（もってのほか）』的新食譜吧！」

食用菊花是日本料理常見的配菜，烹飪方法以醋漬和涼拌爲主。整理食材的特點和魅力，透過小組討論來探索新食譜的可能性吧。

〈步驟 1　事前準備和資訊共享〉

在討論之前，先收集食材的相關知識並與成員分享。是否具備知識對創造力有著重大影響（見⇒ P157）

- 食材的特點是什麼？（原產地、營養、風味、顏色）
  「延命樂」的外觀呈淡紫色，色彩鮮豔美麗，風味亦很優良。咬起來很清脆，口感佳。食用菊花的栽培地區全世界僅限於日本的東北到北陸地區，是歐美所沒有的食材。
- 可用的烹調方式？（生食、切法、加熱方法）
  傳統上，利用「延命樂」製作醋漬料理時，大多只會先用熱水稍微燙一下。由於這是很嬌嫩的食材，並不適合需要長時間加熱的燉煮料理。
- 適合的調味方式？（調味料、配料等）
  日式料理中，「延命樂」主要會搭配醬油、醋或味噌的風味。是否可嘗試與其他調味料的搭配？
- 有季節感嗎？
  「延命樂」爲可食用的菊花。菊花是秋天的季語，是象徵秋天的花卉。
- 其他、是否有相關的歷史文化故事？
  中國自古以來就認爲菊花可延年益壽。9 月 9 日的重陽節時，有飲用菊花酒驅除邪氣祈求長壽的習俗，此習俗也傳到了日本。因此，是否能將菊花料理打造成祈求健康長壽的菜色？

〈步驟 2　腦力激盪〉

參與者將分享他們對食用菊花「延命樂」的知識，並提出新食譜的方向。

各種意見實例

- 像接骨花一樣用於點綴甜品，應可發揮其美麗的色彩？
- 加入油炸麵衣當中，應可發揮其美麗的色彩？
  →高溫烹調可能會讓香氣消失？
- 用高湯醃漬時，何不以巴沙米可醋和橄欖油取代醬油和醋呢？ 或者可使用美乃滋？
- 與其他秋季的食材（里芋或栗子、柿子）搭配，做成富有季節感的料理如何？…… etc.

〈步驟3　運用「KJ法」〉

我們將運用 KJ 法總結大家的發言內容。

尋找看似沒有一致性的各種想法的共通點並歸類。將大量的意見整理出一些方向。例 = ①嘗試西式調味　②展現美麗的色彩　③強調季節感

〈步驟 4　具體化、試做〉

根據步驟 3 得出的方向性去想像菜色並提出試做方案。例 =「洋風醋漬菊花」、「里芋冰淇淋佐菊花」等

之後再擇日進行試做、試吃和評估。重複討論和試做的步驟以接近完成狀態。

★ 最後檢查可行性

調理技術／烹調器具／花費工夫／時間／成本等

芳香食材辭典

精選富有香氣的食材53種。包括花與水果、香草植物、辛香料、野生植物、菇類……各色各樣的食材。創作香氣四溢的嶄新食譜之靈感，就隱藏於這些食材當中。

花

【香菫】

英文名／Violet
科名／菫菜科
香氣成分／α-香菫酮（花）、香菫葉醛、香菫葉醇（葉）等。

菫菜屬自熱帶到溫帶都有分布，全世界已發現約500種。分布於在日本的菫菜屬植物大約有60種。原產於歐洲的香菫菜（Viola odorata）香氣濃郁，然而日本產的香菫當中，有些卻幾乎聞不到香味。不過，於本州到九州之森林中的野生叡山香菫等品種卻相當芬芳。香菫菜（Sweet violet）為多年生草本植物，能生長10～15年。香菫菜的鎮靜作用廣為人知，在古希臘時代便當成藥草使用。15世紀左右時被用來製作濃湯及醬汁，花的部份也被當成沙拉食用。

現代知名的栽植地區為法國南部的城鎮盧河畔圖雷特（Tourrettes-sur-Loup），以前當地是從花中萃取香料，但現在只會從葉子中萃取香料。

香菫的香氣可用來製作糖漬香菫和冰淇淋，也可用來製作利口酒。其花和葉雖然可食用，但根莖和種子具有毒性，因此必須小心不可誤食。

【櫻花】

英文名／Cherry blossom
科名／薔薇科
香氣成分／苯甲醛、苯乙醇

櫻屬櫻亞屬的落葉闊葉木。廣泛分佈於溫帶和亞熱帶地區。在日本最普及的染井吉野櫻是江戶時代交配培育出的櫻花品種。

雖然染井吉野櫻的花香不強，但其他也有如駿河台匂和大島櫻等香氣濃郁的櫻花品種。近年來的研究已經證實櫻花的香氣不只一種，其中一類是有青草香的（苯乙醛）以及具清新氣息的（芳樟醇），第二種是帶甜香（茴香醛）以及爽身粉香（powdery）（香豆素）等香氣特殊的種類。此外，還有結合了這兩種種類，兼具來自大茴香酸甲酯和香豆素所產生的爽身粉香的品系。

運用櫻葉和櫻花香氣製成的食品包括櫻餅、櫻花茶以及櫻花酒等。

【金銀花】

英文名／Honeysuckle
科名／忍冬科
香氣成分／芳樟醇、檸檬烯、茉莉內酯等

日本國內從北海道南部到沖繩的山野間皆可找到野生金銀花。其細長如藤蔓般的莖可纏在其他植物上生長，甚至可長達10公尺。

初夏時，香氣甜美的花朵會兩兩成對綻放。剛長出來的花是白色，之後會變成黃色，故經常同時看到白色和黃色的花朵並存。據說因其花含有花蜜，吸吮起來相當甘甜，故名「吸葛（スイカズラ）」。

在中國，其莖和葉自古以來就被認為是能讓人長壽不老的藥物，到了明代也開始用花入藥。將花乾燥後製成的生藥稱為「金銀花」，可清熱解毒。葉子則叫「忍冬」，據說因其在冬季時亦能保持常綠不凋萎而得名。因德川家康喜歡喝忍冬製成的藥酒，故忍冬酒十分知名。生長於歐洲的歐洲金銀花（香忍冬）也屬於忍冬家族之一。西歐地區也從羅馬時代起就會使用忍冬家族的植物製作咳嗽藥等。

在伏特加或燒酒中浸泡約半年後，即可製成忍冬酒。嫩葉可做成高湯浸蔬菜或涼拌菜。花也可食用，製作什錦天婦羅時可選用金銀花當作其中一種料，成品吃起來別有一番風味。

【玫瑰】

英文名／Rose
科名／薔薇科
香氣成分／香葉醇、檸檬醛、大馬士革酮、苯乙醇等

被譽為「花之女王」的玫瑰香氣歷史淵遠流長，人氣歷久不衰。被判斷是美索不達米亞文明西元前2000年左右的石膏板上刻畫了嗅聞花香的女神，而學者們認為她聞的花正是玫瑰。

在日本有十幾種野生的玫瑰品種，如野薔薇、山薔薇以及北海道單瓣玫瑰（濱梨）[31]，其中也有一些香氣濃郁的品種。玫瑰是夏天的季語。

綜觀整體玫瑰品種，現代有登錄的品種高達2萬種。雖說當中有些品種較重視外觀而香氣較弱，然而香味仍是玫瑰魅力的一個重要來源。

根據《薔薇のパルファム（暫譯：玫瑰的香水）》（蓬田）書中，現代玫瑰主要可分為六種香氣體系：（1）古典大馬士革香（2）現代大馬士革香（3）茶香（4）果香（5）藍紫色玫瑰香（6）辛辣香。

自古以來，不論東西方，玫瑰家族的植物都相當受到重視，被當成藥草出現在許多處方當中。也有用玫瑰來緩解婦科不適的長久歷史。

31 學名：*Rosa rugosa*。

花

【洋甘菊】

英文名／Chamomile
科名／菊科
香氣成分／白芷酸的酯類等

原產於西亞至歐洲一帶的菊科植物。洋甘菊的語源來自希臘語，意為「大地的蘋果」。日本原有的名稱來自荷蘭語的「kamille」，寫成「加蜜列、加蜜兒列」。「洋甘菊」最知名的食用品種有德國洋甘菊（Matricaria chamomilla）和羅馬洋甘菊（Anthemis nobilis）。

德國洋甘菊在德國被稱為「母親的藥草」，是一種在家庭間長久以來廣為使用的民間藥物。它具有優異的鎮靜和抗炎功效，因此在修道院遺留下來的處方中亦十分常見。無論是剛採摘下的鮮花或者乾燥花都可做成花草茶。和薄荷及檸檬香蜂草一起混合飲用也很美味。

羅馬洋甘菊高約30公分，帶有蘋果般的甜美香氣。

在啤酒花傳入英國之前是用其他的香草植物來釀造啤酒，當時除了快樂鼠尾草、苦艾之外，也會使用洋甘菊。

【辛夷】

英文名／*Kobus magnolia*
科名／木蘭科
香氣成分／檸檬醛、桉葉油醇

原生於日本山野間的常綠植物，高約8公尺。春天在葉子抽芽前會綻放馨香的白花。

與農業史密切相關，有些地區將辛夷視為田地神的憑依之物，有些地區用辛夷開花來當作開始耕作水田的基準。也有說法認為它的開花狀況可用來占卜當年的豐收與否。

花苞可用來製成名為「辛夷」的生藥，據說能治療鼻炎及鼻竇炎舒緩鼻塞症狀。據說愛奴人感冒時也會將辛夷當成藥來使用。

其芬芳的花瓣可食用，可做成沙拉或醋漬小菜。此外，用伏特加或燒酒浸漬新鮮花瓣數週便成了辛夷酒（撈起花瓣後最好再放置一段時間熟成之）。

果實呈紅色，因為其形狀似拳頭故得名（譯註：辛夷日文發音同拳頭）。在中國也會食用來自同樣木蘭家族的玉蘭（白玉蘭），玉蘭可拿來油炸或加入粥中食用。

【橙花】

英文名／Orange flower
科名／芸香科
香氣成分／香葉醇、乙酸芳樟酯、橙花醇、橙花叔醇

柑橘類的花呈白色，既惹人憐愛又芬芳四溢，因此被用來製成食品或香水化妝品的歷史很長。16世紀到17世紀時的義大利人會將橙花用於沙拉和醋漬品食用之。此外也會搭配蘋果一起食用，或者灑上砂糖後去吃。

1840年，因英國的維多利亞女王在婚禮上用橙花代替頭冠，從那時起，橙花就成了新娘的時尚配件蔚為流行。

在柑橘類中，又以從苦橙花中萃取的精油（香料）在香水和化妝品領域最受重視。精油雖然不可食用，但在萃取過程中所產生的副產物純露和橙花水（P90）是中東和地中海地區廚房的必需品，可用來製作甜點等料理。

據說法國王妃瑪麗．安東尼很喜歡在寒冷和陰鬱的日子飲用加了橙花水的熱巧克力。

【茉莉花】

英文名／Jasmine
科名／木樨科
香氣成分／茉莉酮、乙酸苄酯、吲哚等

原產於印度的常綠植物。在熱帶與亞熱帶地區種植了高達100多種品種，被稱為「花中之王」。用於香料的品種素馨（Jasminum grandiflorum）除了印度之外，在法國、埃及和摩洛哥亦有栽植。其花朵潔白且香氣襲人，會在夜半時分盛開，因此若要用來萃取香料，就必須趁香氣較和諧的清晨時採摘。

茉莉花除了萃取香料外，亦可食用，例如J.sambac可用於增添茉莉花茶的香氣。在製作茉莉花茶時，必須在厚20～30公分的茶葉上鋪上相同厚度的花，如此反覆疊上數層再蓋起來放置一段時間，再重複上述步驟讓茶葉吸附茉莉花雅致的香氣。

若可取得新鮮的茉莉花，可利用其香氣製成甜點。加熱牛奶和鮮奶油後離火，放入鮮花後放置一段時間。如此一來，香甜的香氣便可轉移至液體中，完成的液體可拿來做成法式奶凍（blanc-manger）等料理（要小心別加熱過久，否則香氣會消失）。

水果

【柳橙】

英文名／Orange
科名／芸香科
香氣成分／檸檬烯、辛醛、癸醛等

柳橙是常綠植物，其果實色彩鮮豔、香氣濃烈，在許多文化圈被認為是富饒與生命力的象徵。目前，全球柑橘產量的3／4屬於柳橙家族，是全球種植量最高的果樹之一。主要可分為甜橙和苦橙兩種，甜橙（C.sinensis）的果肉可以直接生食或者製成加工食品，果皮則可用來萃取香料（精油）。苦橙（C.aurantium）的花中可萃取出橙花精油（橙花 ⇒P90），葉子則可萃取出苦橙葉（Petitgrain）香料（精油），在香水業等業界受到廣泛使用。

柳橙從中東傳到歐洲後，要到中世紀以後才日漸普及，而受歡迎程度亦節節高昇，17世紀時，擁有柳橙溫室甚至成了富人身分地位的象徵。凡爾賽宮的庭園裡也種植了一千多棵柳橙果樹。1800年出版的英國烹飪書《The Complete Confectioner》中就介紹了糖漬橙皮及橙酒的食譜。

然而，在英國提到運用橙皮香氣的食品，大家第一個會想到的還是橘子醬。在根據英國兒童文學改編的電影【柏靈頓：熊愛趴趴走】中，橘子醬在故事中扮演著重要的角色。在續集當中提到，製作美味果醬食譜的秘訣在於用鼻子仔細嗅聞香氣以挑選出優質的橘子以及在製作過程加入少許檸檬汁和肉桂。

柑橘類的祖先

柑橘類被認為是大約兩三千萬年前原產於印度阿薩姆邦附近的植物。從出現起經過了漫長的時間，在自然雜交和突變的影響下，逐漸擴散到世界各地。

現今柑橘類品種眾多，但都是來自原產於印度的「枸櫞」、原產於中國的「橘」以及原產於東南亞的「柚」三種品種的雜交種。

【檸檬】

英文名／Lemon
科名／芸香科
香氣成分／檸檬烯、檸檬醛等

原產於印度的枸櫞屬於柑橘類的一種，其特色是成紡錘形的果實。早在古代就已傳入歐洲，但一直要到中世紀因阿拉伯人的關係才開始普及，15世紀起在西西里島和科西嘉島上廣為種植。德國詩人兼劇作家歌德對陽光燦爛的南方之地充滿嚮往，他在詩中寫道：「你知道那片檸檬花盛開的土地嗎」其中，又以檸檬皮的香氣特別受到重視，中世紀醫師開的憂鬱症處方中就有建議患者服用檸檬。在17世紀時的北歐地區，檸檬成了富裕的象徵，也可見於靜物畫中。

與其他柑橘類相比，檸檬含糖量較低，酸味也較強烈。其清爽的香氣很適合搭配海鮮。在南義可以吃到用魚醬和檸檬調味的義大利麵。在西西里島，檸檬冰沙（Granita）是很常見的食譜，販售檸檬汁的小店也隨處可見。檸檬在明治時代開始在日本普及，日本以瀨戶內地區為中心，亦有種植少量的檸檬。

近年來研究檸檬香氣效果的實驗結果顯示，檸檬的香氣可以減輕計算時的疲勞感，還有預防活力降低之效。

【柚子】

英文名／Yuzu
科名／芸香科
香氣成分／檸檬烯、芳樟醇、百里酚、柚子酮等

柚子是高約4公尺的常綠小喬木。早在飛鳥時代或奈良時代就已從中國大陸傳入日本。日本最具代表性的香酸柑橘（酸度強，不用於生食的柑橘類）在高知縣及德島縣等地被大量種植，其古名為YUNOSU（柚之酸）。與柳橙和檸檬等柑橘類水果相比，其特色為沉穩且多層次的香氣。

柚子是日本料理中用來呈現季節感及增進食慾不可或缺的芳香植物。深秋時節會薄削黃柚子皮加入吸物和茶碗蒸中。此外，若趁柚子皮尚青時將青柚子皮磨成泥再混合鹽和青辣椒，就可製成柚子胡椒。柚子也是製作日式甜點柚餅子的原料。此外，據說江戶時代的浮世繪大師北齋用清酒和柚子一起熬成的自製藥方治癒了中風。

在韓國，大多數的柚子被用來做成柚子茶（切下果皮後和砂糖及蜂蜜等甜味劑一起裝瓶，要飲用時再加熱水化開）。近年來歐美的餐廳也開始使用柚子，也會從日本進口柚子。

除了食用用途外，自江戶時代流傳至今，冬至時用柚子泡澡就可預防感冒的說法大家應該也很耳熟能詳。現代的實驗已經證實，泡柚子浴可以延長洗完澡後身體的保溫時間。

水果

【佛手柑】

英文名／Buddha's hand／Fingered Citron
科名／芸香科
香氣成分／檸檬烯，萜品烯

此品種與原產於印度的枸櫞有著親戚關係，高約15～20公分，果實顏色呈鮮黃色。果實的尖端會裂開，形狀近似手指，彷彿佛陀合掌一樣，因此被認為是吉祥的水果。自江戶時代以來，便會用佛手柑來當作新年的壁龕擺飾或插花。英文裡稱為「Fingered Citron」或「Buddha's hand」。目前日本國內在九州地區等地有種植。

雖然沒什麼果肉，白色纖維也不適合生食，但果皮非常芬芳，可用來製作蜜餞或橘子醬等食品。

此外，高知縣四萬十川地區所產的「佛手柑（Bushukan）」，雖然名稱相同，但完全是不同種的柑橘。四萬十川的佛手柑所採下的果實呈綠色球形，是一種「醋柑橘[32]」，將酸味豐富的果汁用於生魚片等魚類料理。果皮也用作調味品。

【金柑】

英文名／Kumquat
科名／芸香科
香氣成分／檸檬烯、香葉烯等

原產於中國的常綠灌木，高約3公尺，又名金橘[33]。枝條細且密集，可結出2～3公分的橢圓形果實。它也是很受歡迎的庭院植物及盆栽植物。一直要到19世紀，才透過英國植物收藏家福鈞（Robert Fortune）傳入歐洲。日本國內的產地包括和歌山縣、四國和九州，其中大多是果皮厚甜度高的寧波金柑。歐美地區產的則是酸度強的長實金柑[34]。

與其他柑橘類不同，整顆都可食用，可充分享受果皮中含有的香氣。一般來說果皮味甜而果肉偏酸。也有些會讓它在樹上自然成熟，這種在欉紅的金柑甜度很高。除了生食外，還可做成蜜餞、甘露煮、果醬、利口酒等。

做成生藥後稱「金橘」，英文名「Kumquat」據說是由粵語發音而來。具舒緩喉痛和止咳的功效，可煎來治感冒。除了維生素C外，維生素B1和B2的含量亦高，是柑橘類植物當中營養價值名列前茅的品種。金柑也是秋天的季語。

【蘋果】

英文名／Apple
科名／薔薇科
香氣成分／乙酸己酯、正己醛等

關於蘋果的原產地眾說紛紜，據說可能是高加索地區至西亞一帶及中亞的山區。鎌倉時期自中國傳入日本，江戶時代已有種植紀錄。不同品種的香氣亦有所不同。目前在日本流通的品種大約有30種。

蘋果在採收後，果實所散發出的乙烯會增加，導致其香氣每天都會變化。關於蘋果的最佳食用時機，一種說法是說自採收後約兩週左右，等到果香香氣和甜味增加，果實開始變軟時的蘋果最好吃。

此外，近年來已經證實「蜜蘋果」的美味實際上並非來自其甜度，而是蜜蘋果所散發出的「香氣」。實驗結果顯示，相較於沒有結蜜的蘋果，吃蜜蘋果時所感受到的果香、花香和甜度都較強，主觀上的喜愛程度也較強，但若將鼻子夾起阻絕了香氣，則不會感受到任何差異。這是由於結蜜部分較容易累積酯類，因此帶有較強的果香。詩人北原白秋亦在短歌中大量歌詠了蘋果的香氣。

column

~聞起來是否像蘋果是由「香氣」決定的？～

薔薇科的各種水果

蘋果的獨特滋味似乎源自其「香氣」。據說蘋果、桃子和梨中所含之與味道相關的糖類和有機酸種類並無太大區別。由於這三種水果外觀和口感的差異，我們通常不會認錯，但若是打成果汁後捏住鼻子再喝呢？這種情況下，就很難區分出差異了。

這些薔薇科水果的共通點是含有乙酸己酯。除了乙酸己酯外，桃子的特色是多了內酯類等「甜美的乳香」。而沙梨（日本梨）則是多了如青葉醇及酯類、單萜等「青草香氣」。蘋果的香氣因品種眾多相當多元，但一般是多了如乙酸乙酯和乙酸丁酯等酯類、醇類以及醛類等「淡淡的果香」。

香氣的差異創造出每種水果不同的滋味與特色。

＊田中福代〈香氣決定了蘋果的風味——香氣成分的控制機制與變化實例〉，日本調理科學會誌，Vol. 50，No. 4（（2017年）

32 日文原文為酢みかん，香酸柑橘在高知縣等地區的俗稱。

33 學名*Citrus japonica*，非金桔（四季桔）。

34 學名*Citrus margarita*，台灣俗稱金棗。

水果

【木瓜[35]】

英文名／Chinese quince
科名／薔薇科
香氣成分／己酸乙酯、青葉醇等

原產於中國的落葉樹，秋季時會結出10～15公分的卵形黃色果實。果實雖不適合生食，但帶有芬芳的香氣，自古以來就被用於衣物和室內的薰香。在日本是很常見的庭院植物，秋天採下的果實所散發出的香氣可持續整個冬季。木瓜是秋天的季語。

可用來製作水果酒或用蜂蜜醃漬後食用。將木瓜切成厚約1公分的輪切片，用蜂蜜醃漬約1個月，或者用燒酒浸泡後，可釋出香氣和活性成分。製成生藥後稱「和木瓜」，自古便用於止咳藥方。

此外，還有一種和木瓜相似，同屬薔薇科家族的水果，叫做榲桲[36]。榲桲原產於中亞，果皮上覆有絨毛並帶有花香。16世紀的煉金術士兼醫生諾斯特拉達姆斯（Nostradamus）非常推崇榲桲，並說榲桲果實風味絕佳，可當成滋養補身的藥物，也可以做成美味的果醬隨時食用。他還特別強調若要增添香氣，最重要的部分就是果皮。

【草莓】

英文名／Strawberry
科名／薔薇科
香氣成分／丁酸乙酯等酯類、青葉醇、呋喃酮、芳樟醇等

草莓是分佈於北半球的多年生匍匐草本植物，約有20種。

草莓據說是聖母瑪利亞愛吃的水果。歐洲從14～15世紀開始就有種植和食用的紀錄，但那是野草莓（Fragaria vesca），與現代的品種不同。目前日本國內也有著各式各樣現代的草莓品種，但親本皆源自原產於北美的維吉尼亞草莓（Fragaria virginiana）和南美洲的智利草莓（Fragaria chiloensis）在歐洲雜交而成的商業草莓（Fragaria × ananassa），這也是莓果類中最普及的品種，除了生食外，還可加工成果汁或果醬。

草莓的屬名為Fragaria，語源有「散發香氣」的意思，可見草莓自古以來就被認為是氣味芬芳的水果。此外，在法國，草莓的花語是「馨香」。

然而，現代許多如甜點等加工食品中所標榜的「草莓香」口味，用的並非自水果中萃取出的天然香料，而是人工香料。這是由於新鮮水果原本的香氣十分繁複且容易產生變化之故。

【鳳梨】

英文名／Pineapple
科名／鳳梨科
香氣成分／2-甲基丁酸乙酯等酯類、呋喃酮等

原產於南美洲的熱帶地區。屬多年生草本植物而非木本植物，可於30～50公分的莖上結出果實。目前菲律賓、哥斯大黎加、巴西等國皆有大量生產。

鳳梨屬於非更年性果實，不會經過後熟處理（在採收後放置一段時間以增加甜味和香氣）。雖然大多數日本國內所販售的鳳梨來自菲律賓，但這些鳳梨出貨時就已是適合食用的狀態，因此購買後必須早日食用，香氣較佳。為了維持香氣均衡的最佳狀態，若需保存時，最適當的溫度在7°C上下。已知保存溫度過高（13.5°C）或過低（2°C）都會增加不好聞的氣味。即使是同一顆鳳梨，風味也不會均勻分布，而是以底部的部分最甜。

鳳梨是日本人自古以來第一個知道的熱帶水果，可直接生食或做成冰菓等甜點食用。此外還可添加於番茄醬和醬汁等調味料中。因為含有蛋白酶，處理肉類時可用來軟化肉質。不過要注意酶在加熱後便會失去效用。

【香蕉】

英文名／Banana
科名／芭蕉科
香氣成分／乙酸異戊酯、丁香油酚等

原產於熱帶亞洲，現於中南美洲大量生產。屬多年生草本植物，樹高3～4公尺，適合生長於高溫潮濕的氣候。香蕉是熱帶地區的重要作物，也是世界上食用量最大的水果之一。目前大約有130個品種。也有些地區將香蕉當作主食食用（這是一種叫「大蕉」的不甜香蕉品種，通常會煮過後再吃）。

日本國內可買到的大多數香蕉會在顏色尚呈青綠色時於產地採收，之後再經後熟處理成黃色。完熟的香蕉糖度會上昇至20%，酸味亦會增加。讓香蕉之所以聞起來像香蕉的香氣成分乙酸異戊酯會隨著熟度而增加，同時丁香油酚（丁香般的辛辣香氣）也會增加，構成一種獨特的風味。除了生食外，也可加熱烹調，拿來烤或油炸都很好吃。

香蕉葉也帶有香氣，因具有抗菌作用，在香蕉產地受到廣泛應用。香蕉葉可用來當成盛裝食材的食器、包裹食材以便於攜帶的包裝材料、拿來包裹食材加熱的烹調器具以及調味料使用。

35 學名*Pseudocydonia sinensis*，非一般常見的木瓜（番木瓜）。別名光皮木瓜、榠樝。

36 學名*Cydonia oblonga*，又名木梨。

【鼠尾草】

英文名／Sage
科名／唇形科
香氣成分／1,8-桉樹腦、樟腦、龍腦、側柏酮等

原產於地中海的植物，高約30～75公分。食用部位為呈長橢圓形的柔軟葉片。歐洲有句俗話說「庭院裡有鼠尾草的家不會生病」。其屬名Salvia便是「拯救」之意。自古以來一直被認為具有殺菌、滋補、促進消化等作用，當成藥草使用，同時也是蜜蜂喜歡的蜜源植物。

葉子帶有令人印象深刻的強烈香氣及微苦的味道，因此使用時最好先從少量加起。適合用來烹調肉類料理，特別是像豬肉一樣脂肪含量高的肉類，或者是肝臟和羊肉等味道較重的食材等。鼠尾草也是製作內餡和香腸時不可或缺的材料。英國的德比郡起司中也有加了鼠尾草製成的鼠尾草德比起司（sage derby cheese），其清新的香氣和青綠的大理石紋樣十分特殊。

常見品種除了藥用鼠尾草外，還有鳳梨鼠尾草、櫻桃鼠尾草及白鼠尾草。

【百里香】

英文／Thyme
科名／唇形科
香氣成分／香芹酚、百里酚

原產於地中海沿岸，高10～30公分的多年生植物。雖然全球各地有超過100種的變種，但最常見的是花園百里香，枝條很細，高約6～7公厘，帶有寬約2公厘的小葉。花的顏色有白色、紫色或粉紅色等色。日文中古稱「立麝香草」。即使品種相同，也有可能因產地和氣候不同，而出現明顯香氣不同的種類（化學型Chemotype）。

百里香的屬名Thymus，其語源為「使散發香氣」，可能源自於百里香在古代被用於宗教場合的薰香之故。此外，百里香具高度抗菌及防腐作用，一直以來都被當作藥草使用。用百里香做成的草本茶漱口還可預防感冒。

百里香亦是受到蜜蜂喜好的蜜源植物，據說古希臘人很喜歡百里香蜜。古羅馬人也會用百里香蜜加到起司中調味。

可蓋過魚和肉的腥臭味，增添清新的香氣。可用來加入燉菜或湯等燉煮料理，或者加入牛肉可樂餅等料理中。百里香亦是法式香草束[37]中不可或缺的香草。

【薄荷】

英文名／Mint
科名／脣形科
香氣成分／薄荷醇、薄荷酮、1,8-桉樹腦等

因為容易雜交故品種繁多，全球有500多種薄荷家族的植物。一般常見的辣薄荷（Mentha × piperita）也是水薄荷（Mentha aquatica）和香薄荷（Mentha spicata）的雜交品種。其他常見的品種還有蘋果薄荷（Mentha suaveolens）和鳳梨薄荷（Mentha suaveolens 'Variegata'）等。

薄荷帶有清涼的香氣，自古以來就是常用的香草。古羅馬人發現它有助消化，會將薄荷加入醬汁中，或者在宴會上戴著薄荷製成的頭冠。

江戶時代的本草學著作《本草圖譜》當中，記載薄荷為「目草」，被認為是因為薄荷可用於緩解眼睛疲勞之故。

除了做成草本茶，還可用來搭配巧克力、冰淇淋、加了椰奶的甜點等一起食用。地中海到中東各國會在羊肉料理中使用乾燥薄荷葉，而英國則會使用薄荷醬（混合醋和砂糖）搭配烤羊肉。此外，值得注意的是，薄荷的香氣在開花後會有所變化，一般認為開花後香氣的品質會下降。

【檸檬香蜂草】

英文名／Lemon balm（Melissa）
科名／脣形科
香氣成分／檸檬醛、香茅醇

原產於南歐，植株高約30～80公分。被叫做檸檬香蜂草是因為其卵形葉片帶有檸檬般香甜和清新的香氣。英文的別名Melissa來自古希臘掌管蜜蜂的仙女之名，因其花常招來許多蜜蜂。

中世紀修女聖賀德佳（Hildegard von Bingen）遺留下了許多關於藥草的知識，她視檸檬香蜂草為「使心靈變得快活的藥草」。

除了可將新鮮葉片或乾燥葉片製成草本茶外，還可切碎後加入醬料或醬汁中增添香氣，或者拿來當成糖煮水果或果凍的配料，以及加入雞蛋料理中等各種運用方法。其味道帶點微苦。

近年來的研究顯示，檸檬香蜂草的萃取液具有抑制血糖升高的作用，也因此引起了人們的關注（根據〈檸檬香蜂草萃取液的DPPH自由基捕捉活性與血壓上升抑制作用〉）。

37 Bouquet Garni。法國菜中用來煮高湯或烹調燉煮料理時的香草植物組合。通常包含百里香、月桂葉、巴西利等香草。

香草植物

【羅勒】

英文名／Basil
科名／脣形科
香氣成分／草蒿腦、芳樟醇

原產自印度等亞洲地區的植物。雖然有很多變種，最常見的甜羅勒是一年生草，植株高為20～70公分，葉片呈卵形，葉尖呈尖形。十分耐熱，適合生長於夏季。香氣辛辣且甜美。羅勒之名來自希臘語中的「國王」，又名「basilico」。

義大利菜中常用來搭配加了橄欖油或番茄的料理。青醬是以磨碎的羅勒加上大蒜的風味為中心的醬汁。此外，在東南亞料理中常用葉片較硬、香氣濃郁的聖羅勒[38]來炒菜或油炸。另外，還有葉片呈紅紫色的紫羅勒。

羅勒的種子外觀形似黑芝麻，一般市面上稱小紫蘇。由於它吸收了水分後，周圍會凝固成透明的果凍形狀，故東南亞會做成甜點食用。此外，江戶時代的日本將羅勒視為藥用植物，當時會用羅勒製成的藥來去除眼睛的污垢，故稱羅勒為「目帚」。

【奧勒岡】

英文名／Oregano
科名／脣形科
香氣成分／香芹酚、百里酚、草嵩腦等

原產於地中海沿岸，植株高約60～90公分。亦被稱為「野馬鬱蘭」。葉片呈深綠色卵形，約1公分大，具有辛辣及不帶甘甜的草本調香氣。屬名Origanum的語源來自希臘語，意思是「山的喜悅」。

古羅馬美食家阿庇基烏斯的食譜中就已經出現奧勒岡的運用紀錄，包括炒小牛、烤星鰻的醬汁、為比目魚烤箱料理增添風味等。

在現代，由於和番茄味道很搭，會將它添加到番茄醬中，或者加入燉牛肉等肉類菜餚。此外，因適合用來製作披薩，又被稱為「皮薩草」。奧勒岡經常出現在義大利或墨西哥菜中，是一種被認為具有抗菌和抗氧化作用的香草。

同一屬中還有另一種香草植物叫甜馬鬱蘭，香氣較奧勒岡甘甜，新鮮葉片可以加入沙拉中，乾燥葉片則適合拿來加到湯或香腸等料理中。

【巴西利】

英文名／Parsley
科名／水芹科
香氣成分／洋芹腦、肉豆蔻醚

原產於地中海的二年生草本植物。植株可高達50～80公分，但通常偏低矮。可分成在日本受歡迎的捲葉巴西利以及像義大利巴西利的平葉巴西利。

巴西利的特有香氣成分洋芹腦（parsley camphor）不易揮發，因此在口中的風味會比吃之前更濃郁。營養價值高，含有鐵等礦物質和維生素A。江戶時代貝原益軒的《大和本草》中稱之為「荷蘭芹」，但實際要等到明治時代以後才開始栽培。

義大利女演員蘇菲亞·羅蘭在1975年訪問日本時，教了一道以巴西利為主材料的義大利麵醬*。這是一道簡單的醬汁食譜，將半杯橄欖油用平底鍋加熱，加入四瓣切成粗末的大蒜，再將一支巴西利切細後加進去炒，最後加鹽調味就完成了（四人份）。巴西利鮮明的香氣與大蒜強烈的風味及橄欖油相得益彰。

*引用自1975年5月20日朝日新聞晨報

【龍蒿】

英文名／Tarragon
科名／菊科
香氣成分／草嵩腦、香檜烯、羅勒烯等

原產自南歐～西伯利亞的蒿屬植物。俄羅斯龍蒿（Artemisia dracunculoides L.）和法國龍蒿（Artemisia dracunculus法文名Estragon，語源來自法語的「小龍」）。俄羅斯龍蒿的主要成分為香檜烯，具有濃郁的草味，而法國龍蒿則以草嵩腦為主要成分，具有茴芹般甜美的香氣，香調差異甚大。味道帶點辛辣和苦味。龍蒿用來入菜的歷史較晚，要從中世紀以後才開始。於大正時代傳入日本。

葉片可也用於法式烤蝸牛和野鳥料理、歐姆蛋等雞蛋料理或焗烤等白醬料理，被認為是「美食家的香草」。同時也是用來搭配牛排或魚一起食用的法式伯那西醬汁（sauce béarnaise）中不可或缺的材料。也可用來製成法式混合香料（fines herbes，由三到四種香草混合而成的香料，意思是「切成碎末的香草」）。

法國家庭會將龍蒿浸泡於白酒醋中製成龍蒿醋，市面上亦有販售，可用於醃漬料理或製作漬物。

香草植物

【蒔蘿】

英文名／Dill
科名／水芹科
香氣成分／水芹烯（葉）、羧酸（種子）、檸檬烯等

一年生草本植物，植株高60～150公分，原產於印度～西亞和南歐。外觀形似同屬水芹家族的甜茴香。

在認為是西元前幾千年美索不達米亞文明的黏土板上，已可看到使用蒔蘿的紀錄。埃及人亦會使用蒔蘿，之後傳入古希臘和羅馬。

自古以來蒔蘿一直被當成生藥使用，以有助鎮定消化器官和幫助排氣而聞名。據說其名來自古斯堪地那維亞語，意思是「安撫」。

整株草都帶有香氣，葉片柔軟帶有清爽的香氣，可用來佐湯和菜餚一起食用。很適合搭配海鮮類、馬鈴薯、起司和酸奶等食材。是俄羅斯菜中常用的食材。此外，乾燥的種子稱蒔蘿籽，具刺激性的香氣，可當成香料使用。可加入裸麥麵包等食品中增添香氣，或者用葡萄酒醋浸泡製成醃漬液。

【迷迭香】

英文名／Rosemary
科名／脣形科
香氣成分／α-蒎烯、1,8-桉樹腦、樟腦等

源於地中海的常綠灌木。喜歡乾燥氣候，葉片尖尖如針狀，花為淡紫或藍色。屬名Rosmarinus，有「海洋的水滴」之意。因其四季常青，因此標準日文名叫作「萬年香」。容易雜交因此有許多品種，有可朝上生長的直立型及攀爬於地面的匍匐型，亦有半匍匐型的品種。

葉子帶有清涼清新的香氣，古代認為這種香氣可提高記憶力，古希臘的學生念書時會將迷迭香花環插在頭髮上。此外，迷迭香象徵著不渝的愛，過去在婚禮時會贈送迷迭香。它也被認為是回春的香草，傳說14世紀年老的匈牙利王后伊莉莎白一世就是用了以迷迭香為主材料的藥方來養生才恢復了健康和青春。

葉子與羊、鹿肉、豬肉等味道強烈的肉類或者油脂豐富的魚很搭，除了除臭之外，還可增進食材的風味。也可加入餅乾或司康等烘焙食品、佛卡夏麵包中。用時最好先從少量加起。呈藍色到淺紫色的嬌嫩花朵也可用來製成蜜餞（P108）或者當成甜點的配料。

辛香料

【大蒜】

英文名／Garlic
科名／石蒜科
香氣成分／二硫（2-丙烯）等

多年生單子葉植物。一般認為原產於中亞～南亞，但在該地區找不到野生種。被當作香料使用的，主要是香氣濃郁的鱗莖（球根）部分。成書時間早於西元前1500年的古埃及醫學書籍《埃伯斯莎草紙（Ebers Papyrus）》中亦有加了大蒜的處方。據說當時也會發大蒜給建造金字塔的工人。

大蒜由中國大陸傳入日本，也出現於《古事記》和《源氏物語》等書中。平安時代時大蒜被視為一種藥物，但自江戶時代以來，大蒜已被當成辛香料和調味料使用。

大蒜是全球各式各樣飲食文化圈的重要風味，除了可加入燒烤或煎炒料理中外，還有磨成泥當成調味料生食，或者像製作瑞士起司鍋時一樣，在Caquelon鍋（烹調器具）上摩擦僅轉移香氣等各種運用手法。經切碎或磨碎等手續破壞了細胞後會散發出獨特的香氣。此外也可用油去加熱烹調帶出大蒜的焦香。

大蒜因其活化免疫和抗氧化的作用而備受關注。此外，花莖「蒜苔」可做為蔬菜食用。

【生薑】

英文名／Ginger
科名／薑科
香氣成分／薑萜、芳樟醇、香葉醛、α-蒎烯等

熱原產於熱帶亞洲的多年生草本植物。根莖部分可當成香料使用。生薑自東方傳入西方，一直以來都是重要的藥用和食用植物。在印度傳統醫學阿育吠陀中，被認為是可提升阿耆尼（消化能力）的食材（P129）。中醫有許多處方會用到生薑或乾薑，被認為具有溫暖身體的作用。

在日本，比起生薑粉，更常用新鮮生薑入菜。夏季是葉薑或嫩薑，秋天的生薑纖維較少，可用來做成漬物或藥味（調味料）。新鮮生薑中仍保有讓人聯想到清爽柑橘的香氣成分（香葉醛）。此外，除了可除臭和增進風味外，由於生薑具有分解蛋白質軟化肉類的功能，也很適合用於肉類的事前處理。

江戶時代以八朔（八月一日）為生薑節，各地的神社會舉辦生薑市集。

在歐洲和美國，生薑也經常做成帶甜味的食品，如薑餅和薑汁汽水等。

【荳蔻】

英文名／Cardamon
科名／薑科
香氣成分／桉葉油醇、萜品醇、檸檬烯等

原產於印度的多年生草本植物。從根莖長出的莖上會開出淡紫色的花朵，採集長橢圓形的蒴果（果實）乾燥後可製成香料。以繼番紅花和香草之後最昂貴的香料之一而聞名。

外皮中塞滿了十幾個黑色的小種子。由於外皮的香氣較弱，使用時可切開外皮，如此種子甘甜又清新的香氣會較容易滲出。荳蔻是製作咖哩時重要的爆香香料（starter spice，一開始為了將香氣轉移到油中去炒的香料）。中東地區會飲用荳蔻咖啡。荳蔻也是一種可幫助消化的香料。

在印度，荳蔻自古以來就被用於藥用和調味用途。據說是亞歷山大國王把它帶回了歐洲。在北歐也很常見。有一種說法認為荳蔻在北歐廣受喜愛的契機是因中世紀時維京人進攻土耳其時把荳蔻帶回後開始的。在北歐，荳蔻捲的受歡迎程度甚至超越蛋糕或肉桂捲。

【錫蘭肉桂】

英文名／Cinnamon
科名／樟科
香氣成分／桂皮醛、丁香油酚等

原產於南亞～東南亞的常綠植物。肉桂（Cinnamomum verum）是亞洲香料中最早傳播到地中海沿岸的香料之一，在西元前6世紀就已被廣泛使用。肉桂亦有出現在舊約聖經中。

鑑真將肉桂當成珍貴的藥物帶回日本，並保存在正倉院。日本標準名的漢字寫作肉桂，生藥名叫桂皮。江戶時代時從中國進口植株，並開始於日本較溫暖的地區種植。過去會切下肉桂細根綁成一束做成孩童的零嘴「Nikki」。

目前市面上會販售將樹幹或枝條的外皮乾燥後捲起的「肉桂棒」。肉桂的香氣可襯托甜味，因此被用來製作蛋糕或餅乾等西點，以及八橋和肉桂糖等日式甜點或飲料。和蘋果或南瓜也很搭。

在印度，肉桂葉也可被當成香料使用。此外還有一種和肉桂很像的植物叫中國肉桂（Cinnamomum cassia）。

【香草】

英文名／Vanilla
科名／蘭科
香氣成分／香草醛等

原產於墨西哥的常綠蔓生草本植物，野生香草攀爬到其他樹上可長到10公尺以上。果實（豆莢）長約20公分，稱為香草莢。現在透過人工授粉，已經能夠在以主要生產國馬達加斯加為首的世界各地種植。西班牙人科爾特斯將掠奪自阿茲提克王國的黃金以及香草一起帶回歐洲，其人氣便隨著巧克力一起傳遍了歐洲。

剛採收的香草莢是綠色的，也沒有香氣。經過加工（curing，保持加熱狀態數月，提高酵素活性，減少水分至讓微生物無法繁殖的程度的作業）才會轉換成香草獨特的甘甜香氣。

如果想用香草莢去幫甜點調味，可用刀子等器具將豆莢中的黑色香草籽挖出所需的量。由於剩下的豆莢本身亦帶有芬芳的香氣，可以和砂糖一起放入密封容器中轉移香氣，或者也可研磨後使用之。此外，還有一種不挖取莢中的香草籽，直接將整個香草莢泡到牛奶或鮮奶油中轉移香氣的方法。

【八角，大茴香】

英文名／Staranise
科名／五味子科
香氣成分／大茴香腦、草嵩腦等

原產於東亞的常綠灌木。八個袋果排列成星型，故稱為八角。趁果實未成熟時採收，並維持星型的形狀乾燥之。八角和另一種水芹科甜茴香一樣含有大茴香腦，故兩者的香氣相似，在16世紀左右傳入歐洲時被稱命名為大茴香，雖然很常遭到混淆，但兩者是完全不同的植物。另外還有一種水芹科的植物叫茴芹，它亦被稱為大茴香。

在歐洲，八角被當成製作利口酒的材料。20世紀初苦艾酒被禁止販售後，其替代品法國茴香酒（Pastis）的主要風味亦是八角。法國馬賽是法國茴香酒的著名產地。

八角是中菜中重要的香料，常用於東坡肉（燉豬五花）等豬肉料理或鴨肉料理。有些五香粉（P36）中亦含有八角。可促進消化和幫助排氣。

【丁香】

英文名／Clove
科名／桃金孃科
香氣成分／丁香油酚、石竹烯等

原產於摩鹿加群島，高10～15公尺的常綠植物。現在主要種植地為馬達加斯加和尚吉巴等地。採收開花前的花苞，乾燥後製成香料。帶有甘甜和刺激性的香氣。

在中國和日本，由於其形狀像釘子，故被稱為「丁子」。大約在8世紀時傳入日本，亦被收藏在正倉院，被認為是伴隨著佛教一同傳入的。在密教的寺廟中，為了淨化身體，會口含丁子（含香），並將少量粉末抹到手上（塗香）等儀式。也有一些家紋採用了丁字的花紋。英文名的語源來自法文的「Clou」，意思是釘子。一直以來都被當成藥物使用，具有抗菌和鎮痛、促進消化等功能。

由於丁香可消除肉的腥臭，因此可用於燉肉和紅燒等肉類燉煮料理，以及漢堡排等用到絞肉的料理。因為香氣相當刺激且強烈，最好從少量開始加。丁香的香氣不僅辛辣還帶有甜味，也可加入印度奶茶或糖煮水果等甜食中。伍斯特醬中也含有丁香。

【孜然】

英文名／Cumin
科名／水芹科
香氣成分／小茴香醛、蒎烯等

原產於地中海東部的一年生草本植物，植株高30～60公分。做為香料使用的是約5公分長的細長船形果實（種子）。

在古埃及的醫學書籍《埃伯斯莎草紙（Ebers Papyrus）》中也可見到其記載。古代希臘認為孜然是可促進食慾的調味料，有時也會放在餐桌上自由取用。古羅馬的博物學家老普林尼在《博物志》中指出，孜然是能健胃的藥物。孜然以能高度促進消化的作用而聞名。

14世紀末的法國家政著作《巴黎家政書》（Le Ménagier de Paris）中收錄了一道食譜，是將雞肉油炸後切絲，再加入孜然以及帶酸味的果汁、生薑或番紅花的料理。

在「咖哩粉」中所含的多種香料中，孜然在香氣上發揮了很大的影響力。它也很適合用於香腸或肉醬等絞肉料理，或者可樂餅等馬鈴薯料理。

【芫荽】

英文名／Coriander
科名／水芹科
香氣成分／辛醛（葉）、芳樟醇、香葉醇、蒎烯（種子）等

原產於南歐，高約60～90公分的一年生草本植物。埃及圖坦卡門王的墳墓中也發現了芫荽，這代表它在西元前1300年左右就已廣為人知。芫荽亦有出現在舊約聖經中。

葉子和種子的香氣完全不同，用途也不同。乾燥後的種子被稱為芫荽籽，是帶有甘甜清爽香氣的香料，長久以來被用於製作藥酒和醃漬液。市售的「咖哩粉」配方幾乎都含有芫荽籽。

葉子帶有滿獨特的青草香氣，是印度和東南亞菜中不可或缺的香草。泰國菜中稱作Pakchi，中菜則稱香菜。在東南亞常用於湯或麵類的配料，也和辣椒的辣味十分對味。

順帶一提，泰語的俗話中，「灑上香菜」的意思是「只做做表面功夫」。在日本，香菜的人氣從90年代開始抬頭，2010年代時出現了許多香菜風味的加工產品。

【胡椒】

英文名／Pepper
科名／胡椒科
香氣成分／檸檬烯、香檜烯、石竹烯等

據說原產於印度南部，之後才擴散至熱帶亞洲。適合生長在高溫潮濕的氣候，可長至7至8公尺的多年生蔓生植物。印度的胡椒貿易從四千多年前的古代到中世紀一直受到歐洲的高度重視（P126）。

從食材的事前處理到完成後的調味都可運用，可說是代表性的香料。市售的胡椒有黑胡椒和白胡椒兩種，但實際上是從同一植物所取得的。黑胡椒是採收未成熟的果實，堆積後乾燥而成，香氣刺激性強又濃烈，非常適合牛肉等料理。白胡椒是採收成熟果實後泡水去除外皮再乾燥而成，呈乳白色，帶有細膩的辛辣味，適合魚料理和加了鮮奶油的料理等。

胡椒亦有出現於江戶時代烹飪書《名飯部類》（1802年）的食譜當中，菜名叫胡椒飯，是一道於白飯灑上磨好的胡椒粉，淋上高湯後食用的料理。由此可見，或許當時的人們認為光憑著胡椒的香氣就夠好吃了。

【卡菲爾檸檬葉】

英文名／Kaffir lime leaf／Swangi
科名／芸香科
香氣成分／香茅醛、香茅醇、芳樟醇等

來自熱帶亞洲的常綠植物馬蜂橙[39]的葉片。芸香科植物除了果實外葉子也帶有香氣。馬蜂橙的羽狀葉在長大前看起來就像萎縮的葉子。葉子像月桂葉一樣硬，含有大量的香茅醛，其清爽的柑橘調香氣可轉移到湯或醬料中。泰國菜中稱之為「bai-makruut」，是泰式酸辣湯（Tom yum goong）和椰汁雞湯（Tom kha kai）不可或缺的材料。

可襯托出海鮮的風味，和奶油及橄欖油也十分對味，因此也可用於西歐料理中。

此外，之所以在日本被稱為「瘤蜜柑」，是因為馬蜂橙果實的果皮堅硬且凹凸不平之故。其果肉帶有酸味和苦味，無法生食。而有些人會將果皮磨碎後使用。在電影【料理絕配】中番紅花醬汁的秘密調味料正是卡菲爾檸檬葉。

【杜松子】

英文名／Juniper berry
科名／柏科
香氣成分／α-蒎烯、香葉烯、香檜烯等

歐洲刺柏[40]是在歐洲及亞洲等地廣為生長的常綠樹，樹高約3公尺左右，雌雄異株，葉子呈針狀。據說過去法國的醫院會燃燒刺柏樹枝與迷迭香葉來淨化空氣。

同一枝條上會帶有第一年的青澀果實和第二年的藍黑色成熟果實。完全成熟的果實不到1公分大，乾燥後可用來當成香料使用（杜松子）。帶有針葉樹清新和甜美的香氣。

生產琴酒（P73）時會加入杜松子以增添風味。杜松子非常適合用來烹調野味等肉類料理，以及醋漬菜色和酸菜等使用醋的料理。

同屬刺柏家族的樹在日本叫「杜松」，野生杜松生長於本州～九州的丘陵地。其果實做成生藥後稱為「松松果」、「杜松子」，用水煎服飲用可利尿和發汗。也可做成樹籬或盆景。

【水芹】

英文名／Water dropwort
科名／水芹科
香氣成分／萜品烯、蒎烯、香葉烯、莰烯等

生長在日本、中國大陸和東南亞濕地的多年生植物，植株長20～40公分。中國自西元前開始就將水芹視為一種蔬菜，在《春秋》中也可見其記載。朝鮮半島也是自古以來就有種植，並會用來製作泡菜。日本的《萬葉集》和《日本書紀》中可找到水芹的記載，是自古以來就很熟悉的蔬菜。同時也是1月7日所食用的七草粥中不可或缺的材料。

水芹為春天七草之一，長於平地者的產季約從二月開始。過冬葉子也不會枯萎。葉子和莖帶有清爽的香氣、口感絕佳，相當受到喜愛。有一說認為水芹（seri）之日文名稱是因為在水邊「競相（seriau）」生長而來。

除了壽喜燒等鍋類料理，也可用來做成高湯浸蔬菜、涼拌芝麻水芹、涼拌芥子水芹等涼拌菜，或者是滑蛋料理等。水芹亦是秋田米棒鍋不可或缺的食材。小心不要加熱太久以免喪失香氣和口感。水芹根可加醬油和糖去炒。

含有豐富胡蘿蔔素和維生素C，具有促進食慾和鎮痛、利尿、發汗等作用，一直以來都被視為藥草。採集時，請小心不要和毒芹搞混。

【食用土當歸（獨活）】

英文／Udo
科名／五加科
香氣成分／α-蒎烯、樟腦、檸檬烯、龍腦等

原產於亞洲，自然生長於中國～朝鮮半島及日本山林間的五加科多年生植物。平安時代的《倭名類聚抄》等書中亦可見其記載。開始種植的時期不明，但經常出現於江戶時代的農業書中。

莖很粗，高度為1～1.5公尺。除了花外布滿了絨毛。野生種與栽培品種香氣不同，這是由於野生種中含有較多的α-蒎烯（像針葉樹一樣的香氣）。最佳的採收時機為春季的葉子開始萌生之時，到了6月左右就會長得過大，不再適合食用。

帶有淡淡的甜味及苦味，香氣清新，是日本人很熟悉的代表性山菜。為春天的季語。從莖的根部切下新芽，去皮後浸泡於醋水中，可做成醋味噌涼拌菜或沙拉。此外，如果連著外皮一起浸泡在醋水後再瀝乾水分，可切絲加醬油和糖去炒成金平。葉子、花、花苞和幼果可炸成香氣四溢的天婦羅。

生藥名為「獨活」，其根和莖具有滋補強身、鎮痛解熱等功能。

39 又名卡菲爾萊姆、泰國檸檬、泰國青檸、箭葉橙。

40 學名*Juniperus communis*，又名瓔珞珀。

野生植物

【款冬】

英文名／Japanese butterbur
科名／菊科
香氣成分／1-壬烯、Fukinone等

自然生長於日本的山野和田間，但人工栽培者亦很常見。葉柄中空，帶有呈腎形的大葉。葉柄稍微燙過後可用來做煮物或佃煮等料理，或用鹽、糖醃過享受其口感。由於鮮度下降速度很快，拿到後最好盡快烹調。

早春時節，在莖抽出之前，會從根莖處先萌生出款冬花莖（花莖）。款冬花莖帶有獨特的香氣和苦味，自古以來就被視為是春季的重要食材，平安時代的《延喜式》當中亦記載了款冬花莖為進貢給宮中的珍貴食材。為春天的季語。雌雄異株。採收時最好選擇鱗片呈閉合狀尚未開花者。可用來做成味噌湯、天婦羅、款冬味噌及佃煮等料理。據說煎服飲用有止咳之效。若希望乾燥後保存，則要挑選質地較硬者，用熱水煮個幾分鐘後再浸泡於水中20～30分鐘去除苦澀味，之後再日曬乾燥之。使用前先用水泡開，可過一下熱水去除乾燥的臭味。

北海道和東北地區可見大型的品種秋田款冬。在愛奴人的傳說中，據說款冬下住著小矮人（korpokkur）。

【鴨兒芹】

英文名／Japanese hornworty
科名／水芹科
香氣成分／香葉烯、蒎烯等

自然生長於本州～九州山野的樹蔭下的多年生草本植物。莖高約30～50公分，葉子呈卵形，葉尖呈尖形，亦被稱為日本巴西利。已知鴨兒芹富含如維生素A、鈣和鉀等礦物質。

野生種香氣馥郁，自江戶時代開始種植。貝原益軒的《菜譜》中也以「野蜀葵」之名現身，但當時被認為是和水芹相同的東西，似乎自古以來很少被食用。現代人喜好其葉柄的清脆口感以及葉子的香氣，除了用來當作碗物、丼飯、雜煮（年糕湯）、茶碗蒸的配料外，還可用於高湯浸蔬菜、滑蛋料理、天婦羅和鍋類料理。

市面上販售的包括香氣細膩的絲鴨兒芹[41]、具咬勁且香氣強烈的根鴨兒芹[42]，此外還有切鴨兒芹[43]三種。鴨兒芹不耐乾燥，冷藏保存後要烹調前可將根部浸泡於水中，口感更佳。

【蘘荷】

英文名／Mioga gingier
科名／薑科
香氣成分／α-蒎烯、β-蒎烯、吡咁等

原產於熱帶亞洲的薑科多年生草本植物，生長於林床。中國自古以來就會利用蘘荷，6世紀的《齊民要術》中，記載了種植方法、使用鹽和苦酒[44]製成醃漬食品的方法等，但近年來的中國並不常使用。

在日本，蘘荷生長於本州～沖繩的溫暖地區，也有人工栽培者。食用部位是地下莖上所長出約5～6公分未開花的苞片及花苞部分。又稱「蘘荷之子」，是夏天的季語。炎熱時被用於藥味（調味料）以促進食慾。蘘荷葉亦帶有清爽的香味，可用米或麻糬包起來加熱後食用。

在《魏志倭人傳》中也可看到關於蘘荷的記載，但是這個時期似乎尚未當成食材加以利用。江戶時代的烹飪書《料理物語》中記載了使用實例，據說適合做湯類的料、涼拌醋絲、涼拌菜、壽司、漬物等料理，還包括了將川燙後的蘘荷串起塗上辣椒味噌做成蘘荷田樂等各式各樣的烹調手法。

俗話說「吃了太多蘘荷會健忘」，落語《蘘荷宿》中的蘘荷全餐著實讓人回味無窮。

【紫蘇】

英文名／Perilla／Shiso
科名／脣形科
香氣成分／紫蘇醛、檸檬烯等

於亞洲溫帶地區廣為自然生長，植株高約80公分的一年生草本植物。栽培品種包括紅紫蘇、青紫蘇、皺葉紫蘇等。紫蘇芽，紫蘇葉，紫蘇穗（花穗）以及紫蘇籽，各個部位在日本料理中皆有不同用途。紫蘇是夏天的季語，而紫蘇籽則是秋天的季語。

青紫蘇的葉子被認為具防腐和抗菌作用，是生魚片不可或缺的妻（配料）。除了當成藥味（調味料）外，還可用來製作佃煮、天婦羅等料理，或者可切碎加入醬料或醬汁中增添風味。紅紫蘇含有花青素，可為梅乾增添顏色和香氣。此外，紫蘇葉煎服後，據說有健胃並促進食慾、止咳、排毒等效果。

一開始先傳入日本的其實是同屬唇形科家族的荏胡麻，其香氣與紫蘇不同，自荏胡麻籽中搾出的油可來當作燈油使用（在現代，荏胡麻油因含有α亞麻酸因此其食用價值開始受到重視）。後來，變種的紫蘇傳入了日本，其獨特的香氣也開始廣為流傳。

41 糸みつば，即一般最常見的鴨兒芹，整株呈青綠色。

42 根みつば，經軟白栽培，產季為初春，整株連根皆可食用的鴨兒芹。

43 切り三ツ葉，一樣經軟白栽培，產季為秋季到早春，切除根部的鴨兒芹。

44 即醋，由於醋的起源為酸敗的酒，故名之。

野生植物

【山椒】

英文名／*Sansho*
科名／芸香科
香氣成分／桉葉油醇、檸檬烯、β-水芹烯等（果實）。葉子／α-蒎烯、β-蒎烯、莰烯、香檜烯等（葉）

自然生長於日本各地、朝鮮及中國山區的落葉灌木。日本史前時代的貝塚當中就已發現了山椒的蹤跡。古名叫「Hajikami[45]」。「Haji」是爆開的意思，因秋天時果實的皮會爆開，而「Kami」則被認為是「kamira=韭」之意。

在日本，初春的嫩葉（山椒葉）、春天的花（山椒花）、初夏的未成熟果實（山椒籽）以及秋天成熟果實的果皮（乾燥後磨粉=山椒粉）分別為料理添加了各式各樣的香氣。隨著葉子越長越大，山椒的香氣也會逐漸改變（P38）。

在某些地區，也會食用樹皮。將樹皮煮過去除雜質後切細做成佃煮，其滋味十分強烈，很適合拿來下酒。

山椒據說有健胃整腸的功效，正月時準備的屠蘇散中也包含了山椒果皮磨成的粉末。而中國的山椒——花椒則是麻辣豆腐不可或缺的材料。

屬於芸香科家族，因此鳳蝶會飛來樹上產卵，故有時會長毛毛蟲。

column

祈求新年健康的「屠蘇」香氣。

屠去邪氣，使身心蘇醒的藥酒故稱「屠蘇」。為了祈求新的一年能常保健康並添福益壽，有一個習俗是在元旦早晨飲用藥酒。

屠蘇是將「屠蘇散」加入清酒和味醂後浸泡一夜而成的藥酒，究竟裡面包含了哪些植物呢？ 關於屠蘇散，有一種說法認為屠蘇散是中國三國時代傳奇名醫華佗所發明的處方。

- 山椒
- 肉桂
- 桔梗（桔梗根）
- 防風（水芹科植物防風的根）
- 白朮（菊科植物白朮的根莖）
- 陳皮（橘子的果皮）等

看起來成分當中含有許多我們熟悉的芳香食材，包括山椒、肉桂和橘子皮等。這些香草植物中所含的成分會被轉移到酒精中，少量攝取有改善胃腸功能並溫暖身體等效果，有助於促進健康。每年年末藥局都會販售屠蘇散。

明年元旦，為了讓身心煥然一新，就來杯屠蘇藥酒，祈求一整年能健康度過吧。

【野蒜】

英文名／Wild rocambole
科名／石蒜科
香氣成分／大蒜素等

野蒜是自然生長於日本的山野及靠近人類村子的土堤等地的多年生蔥屬草本植物。植株高可超過30～80公分，全株皆帶有香氣。在深秋時發芽，抽出細長的葉子，春天挖出來時，地底下有著直徑約1～2公分白色寬卵形的鱗莖。食用部位即是香氣濃郁的鱗莖和嫩葉。「蒜（Hiru）」是蔥及大蒜的古名。

在《萬葉集》的時代就已經有了食用紀錄。採收鱗莖部分後，去除土壤，剝去薄皮，洗净後直接沾著醋味噌等醬料生食可品嘗到其濃烈的香氣和辛辣味。此外，還可用來當成湯的料、天婦羅、或者快速燙一下後用奶油炒過等食用方法。葉子除了切碎當成藥味（調味料）使用外，也可用來做成高湯浸蔬菜或炒菜等料理。野蒜營養豐富，可滋補養生、健胃整腸以及止咳。此外，據說烤至焦黑的野蒜可治療扁桃腺炎。

採收野生的野蒜時必須格外小心，不可將有毒的水仙花或石蒜的鱗莖誤認為野蒜。

此外，當夏天來臨會長出「零餘子（繁殖體）」，亦可經素炸等烹調處理後食用。

【艾草】

英文名／Mugwort
科名／菊科
香氣成分／桉葉油醇、石竹烯等

自然生長於本州～九州的山野及民宅附近的空地上的多年生植物，日本國內約可找到30種品種。利用地下莖繁殖，植株可超過50公分高。

艾草是一種重要的民間藥物，據說入浴時加入乾燥艾草葉可治療肩頸僵硬及風濕。端午節時會和菖蒲一起放到洗澡水中以袪除邪氣。

由於整株都帶有香氣，並呈鮮艷的綠色，自古以來就被視為食用食材。在《和漢三才圖會》中記載了混入年糕及麵中食用的烹調方式。

嫩葉水煮後可用來製作涼拌菜、高湯浸蔬菜或拌飯。相當受歡迎的草餅是採摘初春萌生的新芽及嫩葉後稍微燙過磨碎，再和年糕混合而成。若採收量大，可水煮後分成小份冷凍備用較為方便。

若要將整株草拿去做成什錦天婦羅、湯、涼拌芝麻拌艾草、核桃拌艾草等料理時，可以先稍微燙一下，泡水去除苦澀味後再調味。

沖繩方言稱艾草為「Huchiba」，被用來消除肉和魚的腥臭味，或被當成香味蔬菜加入蕎麥麵或雜炊（粥）等料理中。

45 日文原文作はじかみ，漢字寫作椒。

野生植物

【西洋菜】

英文名／Watercress
科名／十字花科
香氣成分／3-苯基丙腈

原產於歐洲，高約20～70公分的多年生草本植物。初夏時白花盛開。西洋菜生長在日本各地清澈的溪流與水源澄淨的濕地。因繁殖能力強且耐寒，在山區的水邊也可見到其蹤跡。

其特點是和山葵相同的辛辣成分以及清香，富含胡蘿蔔素等維生素以及鈣、鉀和鐵等礦物質。

有一說是明治時期由福羽逸人將西洋菜自法國帶回日本，但也有人認為西洋菜在江戶時代就已傳入日本。一般所使用的日文名來自法文Cresson，標準日文名叫作和蘭芥子，別名台灣芹。

可用來當作牛排等肉類料理的配菜或做成沙拉、湯、醬料或火鍋。儲藏時讓根部泡水，再用塑膠袋包起放入冰箱中，就可維持鮮度。

除了野生種外，也有人工栽培的西洋菜。山梨縣南都留郡的道志村為日本屈指可數的著名西洋菜產地，當地開發了許多活用西洋菜風味的產品，如加了西洋菜的義大利麵或蛋糕等。

【魚腥草】

英文名／Fish mint
科名／三白草科
香氣成分／癸醯乙醛、月桂醛

分佈於東亞和東南亞，植株高約15～40公分的多年生草本植物。繁殖能力強，在日本山區和平原等潮濕地區廣為生長。葉子呈心形，花除了有單瓣外還有八重瓣。

全株帶有奇異的香氣，這種香氣中所含的成分癸醯乙醛，已知具有很強的抗菌作用。

在越南，魚腥草葉和薄荷及羅勒等香草一樣可用來製作沙拉、越南煎餅（bánh xèo）等料理，或者用來當料理的配料。近年來也有法國料理使用魚腥草入菜。

根部也可食用，帶有甜味、苦味以及獨特的香氣，在中國被稱為「折耳根」，在貴州省會用它和辣椒一起炒菜或炒飯。

魚腥草經乾燥後那股奇異的香氣會變弱。據說採摘初夏花期時的地上部分乾燥後煎服飲用可利尿和通便，並有助於預防高血壓。有一說認為魚腥草之名（Dokudami）為「洩毒的妙藥（Dokukudashinomyoyaku）」之略。生藥名為十藥。

菇類

【松茸】

英文名／Matsutake fungs
科名／口蘑科
香氣成分／松茸醇.、桂皮酸甲酯等

與松樹共生的松茸菌的子實體。雖然生長於全球松樹林，但主要在日本和朝鮮半島被當作重要的高級當令食材。肉質細嫩，香氣濃郁。在日本《萬葉集》裡可找到以「詠芳」為題的和歌，而歌詠的對象被認為很可能就是松茸。

選擇烹調方式時，主要側重於享受香氣本身，而非對味覺與營養價值的期待。江戶時代的烹飪書《料理物語》（1643）中，記載了一道用古酒去煎松茸的食譜，待酒精揮發得差不多了就可加入高湯，再加點醬油，煮至沸騰後，添上柚子的輪切片做為吸口即成。當時的人想必也很樂於享受秋天香氣之趣呢。除此之外，還可做成烤松茸、土瓶蒸、吸物、松茸飯等。

據說近年來很難找到松茸。松茸很容易生長於葉子和枯枝較少的貧瘠土地，但由於近年來生活方式的改變，人們不再去山林中撿拾枯枝，這可能是造成松茸難以生存的重要因素。

【松露】

英文名／Truffle
科名／西洋松露科
香氣成分／二甲硫醚、乙醛（黑色）、二甲硫基甲烷（白色）

日文標準名叫西洋松露，與枹櫟、榛樹、胡桃木及栲樹共生的菌類子實體，為大約可置於手掌上大小的塊狀物。同家族的品種約有60種左右，分佈於世界各地，但西方料理中被視為珍稀食材的松露僅限原產於北非～歐洲地區自然生長的數種黑松露、白松露而已。由於子實體位於地下難以搜尋，因此會帶著訓練有素的母豬或狗去山中，靠著嗅聞松露的香氣來鎖定松露的所在地。

法國的佩里戈（Périgord）和普羅旺斯是黑松露的著名產地，而白松露的產地則以義大利的皮爾蒙特省（Piemonte）最為出名。

黑松露的香氣相當複雜，含有二甲硫醚（海潮香氣）、乙醛、乙醇和丙酮等成分。可用於肉類料理提味，收畫龍點睛之效。

白松露含有二甲硫基甲烷（大蒜氣味）等多種硫化物的成分。生的白松露可直接削薄片加入雞蛋料理、燉飯及義大利麵等料理中。

参考文獻

〈第1章〉
阿尼克・勒蓋萊（Annick Le Guérer）《氣味》邊城（2005）
山梨浩利〈コーヒー挽き豆の煎りたて風味の変化と滴定酸度の関係〉日本食品工業學會誌 第39卷第7號（1992）
小竹佐知子〈食品咀嚼中の香気フレーバーリリース研究の基礎とその測定實例の紹介〉日本調理科學會Vol.41、No.2,（2008）
平澤佑啓 東原和成〈嗅覚と化学：匂いという感性〉化學與教育、65 卷10 號（2017年）
佐藤成見〈嗅覚受容体遺伝子多型とにおい感覚〉氣味香氣環境學會誌46卷4號、平成27年
Julie A. Mennella等〈Prenatal and Postnatal Flavor Learning by Human Infants〉PEDIATRICS Vol.107 No.6（2001）
坂井信之〈味覚嫌悪学習とその脳メカニズム〉動物心理學研究、第50卷 第1號
平山令明《「香り」の科学》講談社（2017）
森憲作〈脳のなかの匂い地図〉PHP研究所（2010）
東原和成〈香りとおいしさ：食品科学のなかの嗅覚研究〉化學與生物 Vol. 45，No. 8,（2007）

〈第2章〉
城斗志夫等〈キノコの香気とその生合成に関わる酵素〉氣味香氣環境學會誌44卷 5號（2013）
佐藤幸子等〈タイム（Thymus vulgalis L.）生葉の保存方法による香気成分の変化〉日本調理科學會誌Vol. 42，No. 3（2009）
中野典子 丸山良子〈わさびの辛味成分と調理〉椙山女學園大學研究論集、第30號（自然科學篇）（1999）
佐藤幸子 數野千惠子〈調理に使用するローレルの形状による香気成分〉日本調理科學會大會研究發表要旨集、平成30年度大會
畑中顯《進化する“みどりの香り”》Fragrance Journal社（2008）
數野千惠子等〈山椒（Zanthoxylum piperitum DC.）の成長過程及び機械的刺激による香気成分の変化〉實踐女子大學生活科學部紀要第47號（2010）
Jonathan Deutsch《バーベキューの歴史（Barbecue：A Global History）》原書房（2018）
臼井照幸〈食品のメイラード反応〉日本食生活學會誌、第26卷第1號（2015）
玉木雅子 鵜飼光子〈長時間炒めたタマネギの味、香り、遊離糖、色の変化〉日本家政學會誌 Vol . 54、No .1（2003）
小林彰夫 久保田紀久枝〈調理と加熱香気〉調理科学Vo1.22 No.3（1989）
早瀬文孝等〈調味液の加熱香気成分とコク寄与成分の解析〉日本食品科學工學會誌第60卷第2號（2013）
周蘭西〈メイラード反応によってアミノ酸やペプチドから生成する香気成分の生理作用〉北里大學（2017）
笹木哲也等〈金沢の伝統食品《棒茶》の香気成分〉氣味香氣環境學會誌 46卷2 號（2015）

〈第3章〉
伏木享〈油脂とおいしさ〉化學與生物 Vol.45、No.7,（2007）
伏木享〈おいしさの構成要素とメカニズム〉營養學雜誌Vol.61 No.11～7（2003）
Elisabeth Rozin《Ethnic Cuisine》Penguin Books（1992）
Ruth von Braunschweig《アロマテラピーのベースオイル（30 starke Helfer für die Gesundheit）》Fragrance Journal社（2000）
戸谷洋一郎 原節子（編）《油脂の化学》朝倉書店（2015）
〈香料 （特集號 果物の香り）》No264（2014）
武田珠美、福田靖子〈世界におけるゴマ食文化〉日本調理科學會誌29卷4號（1996）
有岡利幸《つばき油の文化史―暮らしに溶け込む椿の姿―》雄山閣（2014／12）（2014）
馬場きみ江〈アシタバに関する研究〉大阪藥科大學紀要Vol. 7（2013）
Patrick E. McGovern《酒の起源（Uncorking the Past：The Quest for Wine，Beer，and Other Alcoholic Beverages）》白揚社（2018）
長谷川香料株式會社《香料の科学》講談社（2013）
井上重治《微生物と香り》Fragrance Journal社（2002）
Hiro Hirai《蒸留術とイスラム錬金術》（kindle版）
米元俊一〈世界の蒸留器と本格焼酎蒸留器の伝播について〉別府大學紀要第58號（2017）
中谷延二〈香辛料に含まれる機能成分の食品化学的研究〉日本營養 食糧學會誌第56卷第6號（2003）
吉澤 淑 編《酒の科学》朝倉書店（1995）
長尾公明〈調理用 調味用としてのワイン〉日本調理科學會誌、Vol. 47、No. 3（2014）
山田巳喜男〈酢酸発酵から生まれる食酢〉日本釀造協會誌、102卷2號（2007）
Patrick Faas《古代ローマの食卓（Around the Roman Table：Food and Feasting in Ancient Rome）》東洋書林（2007）
小崎道雄、飯野久和、溝口智奈弥〈フィリピンのヤシ酢における乳酸菌〉日本乳酸菌學會誌、Vol.8、No.2（1998）
〈ハーブの香味成分が合わせ酢の食味に及ぼす影響について〉
Dave Dewitt《ルネサンス料理の饗宴（Da Vinci' s Kitchen：A Secret History of Italian Cuisine）》原書房（2009）
外内尚人〈酢酸菌利用の歴史と食文化〉日本乳酸菌學會誌26卷1號（2015）
Dan Jurafsky《ペルシア王は天ぷらがお好き？ 味と語源でたどる食の人類史（The Language of Food：A Linguist Reads the Menu）》早川書房（2015）
蓬田勝之《薔薇のパルファム》求龍堂（2005）
小柳康子〈イギリスの料理書の歴史（２）ーHannah Woolleyとイギリス近代初期の料理書における薔薇水〉實踐英文學62卷（2010）
井上重治、高橋美貴、安部茂〈日本産芳香性ハーブの新規なハーブウォーター（芳香蒸留水）のカンジダ菌糸形発現阻害と增殖阻害活性〉Medical Mycology Journal 53卷1號（2012）
高橋拓兒〈料理人からみる和食の魅力〉日本食生活學會誌 第27卷第4號（2017）
伏木享《人間は脳で食べている》筑摩書房（2005）
森瀧望、井上和生、山崎英惠〈出汁がヒトの自律神経活動および精神疲労に及ぼす影響〉日本營養 食糧學會誌、第71卷、第3號（2018）
山崎英惠〈出汁のおいしさに迫る〉化學與教育、63卷2號（2015）
齊藤司〈かつおだしの嗜好性に寄与する香気成分の研究〉日本釀造協會誌110（11）
折居千賀〈菌がつくるお茶の科学〉生物工学會誌88（9）、（2010）
菊池和男《中国茶入門》講談社（1998）
吉田YOSHI子《おいしい花》八坂書房（1997）
井上重治、高橋美貴、安部茂〈日本産弱芳香性ハーブの新規なハーブウォーター（芳香蒸留水）のカンジダ菌糸形発現疎外と增殖阻害

活性〉Medical Mycology Journal 第53號第1號（2012）
高橋拓兒〈料理人から見る和食の魅力〉日本食生活學會誌、第27卷、第4號（2017）
森瀧望、井上和生、山崎英惠〈出汁がヒトの自律神経活動および精神疲労に及ぼす影響〉日本營養 食糧學會誌、第71卷、第3號（2018）
橋本壽夫、村上正祥《塩の科学》朝倉書店（2003）
佐々木公子等〈香辛料の塩味への影響および減塩食への応用の可能性〉美作大學 美作大學短期大學部紀要 Vol.63（2018）
濱島教子〈基本的４味の相互作用〉調理科學Vol.8 No.3（1975）
角谷雄哉等〈呼吸と連動した醤油の匂い提示による塩味増強効果〉日本虛擬實境學會論文誌Vol 24、No1,（2019）
村上正祥〈藻塩焼きの科学（１）〉日本海水學會誌第45卷第1號（1991）
〈相知高菜漬の製造過程における微生物と香気成分の変化〉
宮尾茂雄〈微生物と漬物〉Modern media 61卷11號（2015）
石井克枝 坂井里美〈スパイスの各種調理における甘味の増強効果〉一般社團法人日本家政學會研究發表要旨集 57（0），（2005）
佐佐木公子等〈香辛料の食品成分が味覚に及ぼす影響について〉美作大學 美作大學短期大學部紀要
Joanne Hort Tracey Ann Hollowood〈Controlled continuous flow delivery system for investigating taste-aroma interactions〉Journal of Agricultural and Food Chemistry，52、15（2004）
日高秀昌、齋藤祥治、岸原士郎（編）《砂糖の事典》東京堂出版（2009）
大倉洋代〈南西諸島産黒糖の製造と品質〉日本食生活學會誌Vol.11、No.3（2000）
吉川研一〈21世 紀を指向する学問　非線形ダイナミクス〉表面科學Vo1.17、No.6（1996）
中村純〈ミツバチがつくるハチミツ〉化學與教育61卷8號（2013）
哈洛德．馬基（Harold McGee）《食物與廚藝》大家出版（2011）
久保良平 小野正人〈固相マイクロ抽出法を用いたハチミツ香気成分の分析法〉玉川大學農學部研究教育紀要、第3號（2018）

〈第4章〉
有岡利幸《香りある樹木と日本人》雄山閣（2018）
館野美鈴 大久保洋子〈葉利用菓子の食文化研究〉實踐女子大學生活科學部紀要、第49號（2012）
《精選版　日本国語大辞典》小學館（2006）
高尾佳史〈樽酒が食品由来の油脂や旨味に及ぼす影響〉日本釀造協會誌、第 110卷、第 6 號
池井晴美等〈Effects of olfactorystimulation by α-pinene onautonomic nervous activity（α-ピネンの嗅覚刺激が自律神経活動に及ぼす影響）〉Journal of Wood Science、62（6）（2016）
後藤奈美〈ワインの香りの評価用語〉氣味香氣環境學會誌、44卷6號（2013）
加藤寬之〈ワイン中のTCAが香りに及ぼす作用と仕組み〉日本釀造協會誌109卷6號（2014）
但馬良一〈コルクからのカビ臭原因物質（ハロアニソール）除去技術〉日本釀造協會誌107 卷3號（2012）
仁井晧迪等〈クロモジ果実の成分について〉日本農藝化學学會誌Vol. 57，No. 2（1983）
Edith Huyghe等《スパイスが変えた世界史（Les coureurs d'épices）》新評論（1998）
北山晴一《世界の食文化　フランス》農山漁村文化協會（2008）
Andrew Dalby《スパイスの人類史（Dangerous Tastes：The Story of Spices）》原書房（2004）
松本孝徳 持田明子〈17－18世紀フランスにおける料理書出版の増加と上流階級との関係〉九州産業大學國際文化學部紀要、第32號（2006）
Maguelonne Toussaint Samat《フランス料理の歴史（Histoire de La Cuisine Bourgeoise）》原書房（2011）
吉野正敏〈季節感 季節観と季節学の歴史〉地球環境Vol.17、No.1（2012）
Gordon M. Shepherd《神經美食學：米其林主廚不告訴你的美味科學》五南（2020）
宇都宮仁〈フレーバーホイール　専門パネルによる官能特性表現〉化學與生物 Vol. 50，No. 12,（2012）
福島宙輝〈味覚表象構成論の記號論的背景（序）〉九州女子大學紀要、第55卷 1 號
谷口忠大等〈記號創発ロボティクスとマルチモーダルセマンティックインタラクション〉人工智能學會全國大會論文集、第25回全國大會（2011）
Ramachandran，V. and E.M. Hubbard,〈 Synaesthesia – A window into perception，thought and language〉 Journal ofConsciousness Studies，8、No.12（2001）
荒牧英治等〈無意味スケッチ図形を命名する〉人工智能學會 Interactive Information Access and Visual Mining研究會（第5回）SIGAM-05-08
查爾斯．史賓斯（Charles Spence）《美味的科學：從擺盤、食器到用餐情境的飲食新科學》商周出版（2018）
Josephine Addison《花を愉しむ事典（Illustrated Plant Lore）》八坂書房（2002）
植物文化研究會 編、木村陽一郎 監修《花と樹の事典》柏書房（2005）
鈴木隆〈においとことば一分類と表現をめぐって一〉氣味香氣環境學會誌44卷 6 號　（2013）
Jamie Goode《新しいワインの科学（The Science of Wine：From Vine to Glass）》河出書房新社（2014）

〈第5章〉
公益社團法人日本芳香環境協會《アロマテラピー検定公式テキスト》世界文化社（2019）
Bob Holmes《風味は不思議（Flavor：The Science of Our Most Neglected Sense）》原書房（2018）
南部愛子等、〈視覚の影響を利用した嗅覚ディスプレイの研究〉映像情報媒體學會技術報告／32.22 卷（2008）
小林剛史〈においの知覚と順応 習慣性過程に及ぼす認知的要因の効果に関する研究の動向〉文京學院大學研究紀要Vol.7，No.1,（2005）
Mika Fukada等〈Effect of“ rose essential oil” inhalation on stress-induced skin-barrier disruption in rats and humans．〉Chemical Senses,Vol. 37（4）（2012）
小川孔輔《マーケティング入門》日本經濟新聞出版社（2009）
Michael R. Solomon《Consumer Behavior：Buying，Having，and Being（13版）》華泰文化（2019）
Martin Lindstrom《五感刺激のブランド戦略（Brand Sense：Sensory Secrets Behind the Stuff We Buy）》DIAMOND，Inc.（2005）
Teresa M. Amabile〈The Social Psychology of Creativity：A Componential Conceptualization〉Journal of Personality and Social Psychology，Vol. 45，No. 2,（1983）
西村佑子《不思議な薬草箱》山與溪谷社（2014）

飲食的香氣科學

從香味產生的原理、萃取到食譜應用，認識讓料理更美味的關鍵香氣與風味搭配

料理に役立つ 香りと食材の組み立て方：
香りの性質・メカニズムから、その抽出法、調理法、レシピ開発まで

作者　市村眞納、橫田涉
日文原書設計・裝幀　那須彩子（苺デザイン）
日文原書攝影　高杉 純
日文原書插畫　ヨツモトユキ
日文原書擺盤設計　松木絵美奈 (CONVEY)
日文原書編輯協力　矢口晴美

翻譯　周雨枏
責任編輯　張芝瑜
美術設計　郭家振

發行人　何飛鵬
事業群總經理　李淑霞
社長　饒素芬
主編　葉承享
出版　城邦文化事業股份有限公司 麥浩斯出版
E-mail　cs@myhomelife.com.tw
電話　02-2500-7578
發行　英屬蓋曼群島商家庭傳媒股份有限公司城邦分公司
地址　104 台北市中山區民生東路二段 141 號 6 樓
讀者服務專線　0800-020-299（09:30 ～ 12:00; 13:30 ～ 17:00）
讀者服務傳眞　02-2517-0999
讀者服務信箱　Email: csc@cite.com.tw
劃撥帳號　1983-3516
劃撥戶名　英屬蓋曼群島商家庭傳媒股份有限公司城邦分公司
香港發行　城邦（香港）出版集團有限公司
地址　香港灣仔駱克道 193 號東超商業中心 1 樓
電話　852-2508-6231
傳眞　852-2578-9337
馬新發行　城邦（馬新）出版集團 Cite（M）Sdn. Bhd.
地址　41, Jalan Radin Anum, Bandar Baru Sri Petaling, 57000 Kuala Lumpur, Malaysia.
電話　603-90578822
傳眞　603-90576622
總經銷聯合發行股份有限公司
電話　02-29178022
傳眞　02-29156275
製版　印刷凱林印刷傳媒股份有限公司
定價　新台幣 650 元／港幣 217 元
ＩＳＢＮ　978-986-408-836-2
ＥＩＳＢＮ　978-986-408-842-3
2022 年 08 月初版一刷・Printed In Taiwan

國家圖書館出版品預行編目（CIP）資料

飲食的香氣科學：從香味產生的原理、萃取到食譜應用，認識讓料理更美味的關鍵香氣與風味搭配 / 市村真納，橫田涉作；周雨枏譯．-- 初版．-- 臺北市：城邦文化事業股份有限公司麥浩斯出版：英屬蓋曼群島商家庭傳媒股份有限公司城邦分公司發行，2022.08
面；　公分
譯自：料理に役立つ香りと食材の組み立て方：香りの性質　メカニズムから、その抽出法、調理法、レシピ開発まで
ISBN 978-986-408-836-2（平裝）

1.CST: 食品科學 2.CST: 烹飪

463　　111011535